U0224945

幸福的烘焙时光

〔日〕相原一吉 著　胡毅美 译

南海出版公司

contents

新经典文化有限公司
www.readinglife.com
出 品

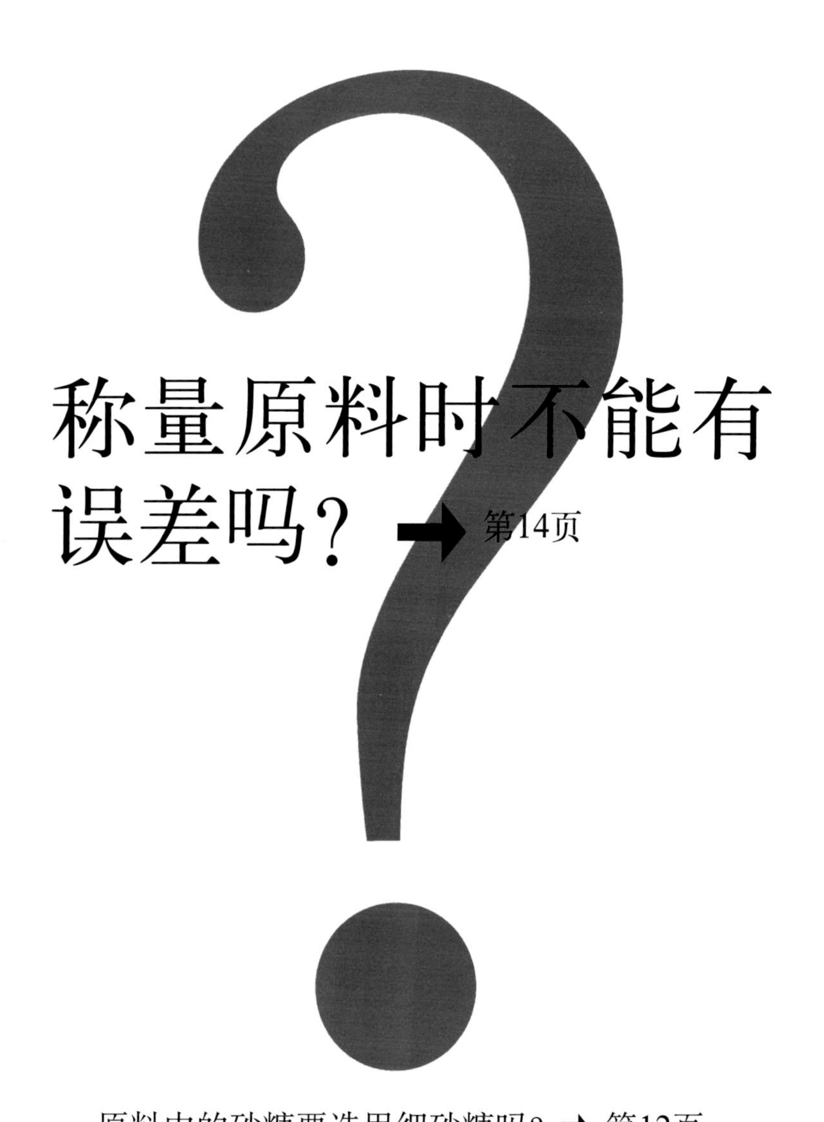

称量原料时不能有误差吗？ ➜ 第14页

原料中的砂糖要选用细砂糖吗？ ➜ 第12页

一定要用专业的烘焙工具吗？ ➜ 第13页

一定要准备电动打蛋机吗？ ➜ 第13页

能减少砂糖和黄油的用量吗？ ➜ 第14页

为什么按照书中写的温度烘烤却不成功呢？ ➜ 第15页

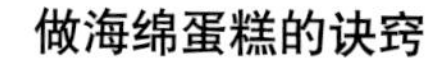

怎样才能将蛋糕烤得蓬松、漂亮？

➡ 第16页

全蛋法和分蛋法有什么区别？➡ 第16页

为什么蛋糕出炉后会回缩？➡ 第21页

装饰蛋糕的奶油。➡ 第28页

可以用海绵蛋糕糊做蛋糕卷吗？➡ 第40页

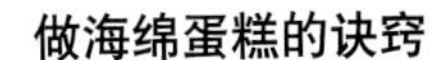

打发蛋液时一定要隔水加热吗？ ➡ 第20页

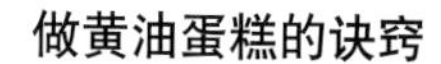

怎样才能做出轻盈柔润的黄油蛋糕?

➡ 第49页

黄油难以软化怎么办? ➡ 第52页

将黄油打发成奶油状要达到什么状态? ➡ 第52页

如何判断蛋糕是否烤好了? ➡ 第52页

加入蛋液后出现油水分离怎么办? ➡ 第54页

如何轻松做出干果黄油蛋糕? ➡ 第56页

有大理石纹的蛋糕怎么做? ➡ 第57页

原 料

制作甜点前首先要准备好低筋面粉、砂糖、无盐黄油和鸡蛋。重点就是选用新鲜的食材，同时注意保存方法。

●请选用无盐乳脂黄油。

你可能想选择价格便宜、易于操作的人造黄油，但考虑到成品的风味与口感，天然乳脂黄油绝对是首选。烘焙时，为了不受咸味的影响，通常不会用含盐的食材。本书中用的全部是无盐黄油。操作熟练后，可以使用风味更佳的发酵黄油，使成品的风味更加丰富。

* 黄油容易变质，一定要将用剩的黄油密封好，冷冻保存。使用前从冰箱中取出，回温至适宜的温度。

●甜点的口感与黄油有关吗？

在制作过程中，黄油发挥着重要的作用。是否加黄油会显著影响成品的口感，这是为什么呢？

面粉与水结合后会产生筋度。这是因为面粉中富含蛋白质，可以形成面筋。黄油（油脂）可以阻断面筋形成（使面团起酥），原料中黄油越多，成品口感就越酥脆。

比如，无油的法式面包嚼劲十足，而加入了大量黄油的布里欧修面包则蓬松柔软，口感酥松。

本书第17页介绍的加入黄油的杰诺瓦士蛋糕和第40页未加黄油的蛋糕卷用的同样是海绵蛋糕糊，对比这两款蛋糕，自然就会明白其中的区别。

●选用筋度适宜的低筋面粉。

根据蛋白质含量的不同，小麦粉大致可以分为高筋面粉、中筋面粉和低筋面粉。与欧洲相比，日本的面粉品种尤其繁多，很难选择，制作时用普通的低筋面粉即可，这种面粉筋度适中，用超级或特选低筋面粉做出的甜点蓬松柔软，但失去了面粉原有的甜味。

* 购买0.5～1千克装的面粉比较合适，开封后要密封保存，防止受潮。在冰箱冷藏保存的面粉放置在室温中，包装上很快就会有水汽凝结，容易使面粉受潮，因此千万不要把面粉放入冰箱保存。

●选择新鲜的优质鸡蛋。

在家很难准确称量鸡蛋的重量，因此本书用个数来表示。选用重量约65克的鸡蛋就可以了。

●原料中的砂糖要选用细砂糖吗？

选用细砂糖和上白糖①都可以，本书都用"砂糖"表示。通常我会选择味道柔和的上白糖。用上白糖做出的蛋糕比用细砂糖做的更柔软，色泽也更诱人。

如果想表现成品天然朴素的甜味，可以选用黄蔗糖②或法国粗红糖。

* 砂糖很容易受潮，如果出现结块，使用前必须先过筛。糖粉也很容易受潮结块，一定要注意保存好。

●洋酒。

如果没有特别说明，你可以选用自己喜欢的洋酒。白兰地、樱桃酒、君度酒、柑曼怡香橙力娇酒等通常可以与任意一款蛋糕搭配，口味都非常棒。朗姆酒比较烈，可以用来调味。做加入水果的蛋糕时，洋梨可以搭配洋梨白兰地、苹果可以搭配苹果酒、草莓或树莓可以搭配树莓利口酒……加入这些果酒可以带来惊艳的效果。

---

①日本特有糖品，未经漂白，自然结晶，呈白色，以甘蔗为原料，水分较多，质地湿润细致，含有转化糖，有助于保持甜点的湿润度。

②蔗糖的一种，呈褐色，为日本的特产，常用于日本料理，尤其是日式甜点中。

工具和模具

●烘焙原料备齐之后，就要准备相应的工具了。专业性工具未必是最好的选择，有的专业工具并不适合家庭使用。另外，选择工具和模具时不必太在意品牌，我们需要的工具并不多，选择好用的就可以了。

●必备工具：不锈钢搅拌碗、耐用的手动打蛋器、电动打蛋机、小型喷雾器。手动打蛋器很容易买到，但如果不注意挑选，很可能买到不适用的产品。下面会逐一介绍选购各类工具时需要注意的问题。

●3种常用模具。

* 做海绵蛋糕的活底模具

直径大而浅的模具不仅有助于均匀受热，还能使蛋糕表面平整美观。即使烤好的蛋糕略有一些回缩，也不明显，可以保持美观的外形。

* 做黄油蛋糕的模具

做黄油蛋糕一般使用 18 厘米长、9 厘米宽的磅蛋糕模，另外也可以用中空、带有螺旋纹的咕咕霍夫（kouglof）蛋糕模。

* 做挞用的活底挞盘

做脱模后不能翻面放置的甜点可以使用活底的挞盘，选用直径 20 厘米左右的基本尺寸即可。你也可以选用小号挞盘，或根据个人喜好选择大小合适的模具。

●硅胶刮刀和刮板。

建议大家选用硅胶刮刀和塑料刮板。刀面和手柄一体成型的硅胶刮刀耐高温能力比普通硅胶刮刀更强，也不易沾油，使用方便。搅拌黏稠的蛋糕糊、盛取蛋糕糊和修饰蛋糕表面时，用塑料刮板比较得心应手。木质刮刀主要用于煮制果酱和糖浆，要选择手柄较长的产品。

●一定要准备电动打蛋机吗？

电动打蛋机是必备工具。有一台适合在家中使用的电动打蛋机就足够了。购买电动打蛋机时，最好选择功率大、能混合面糊的产品。

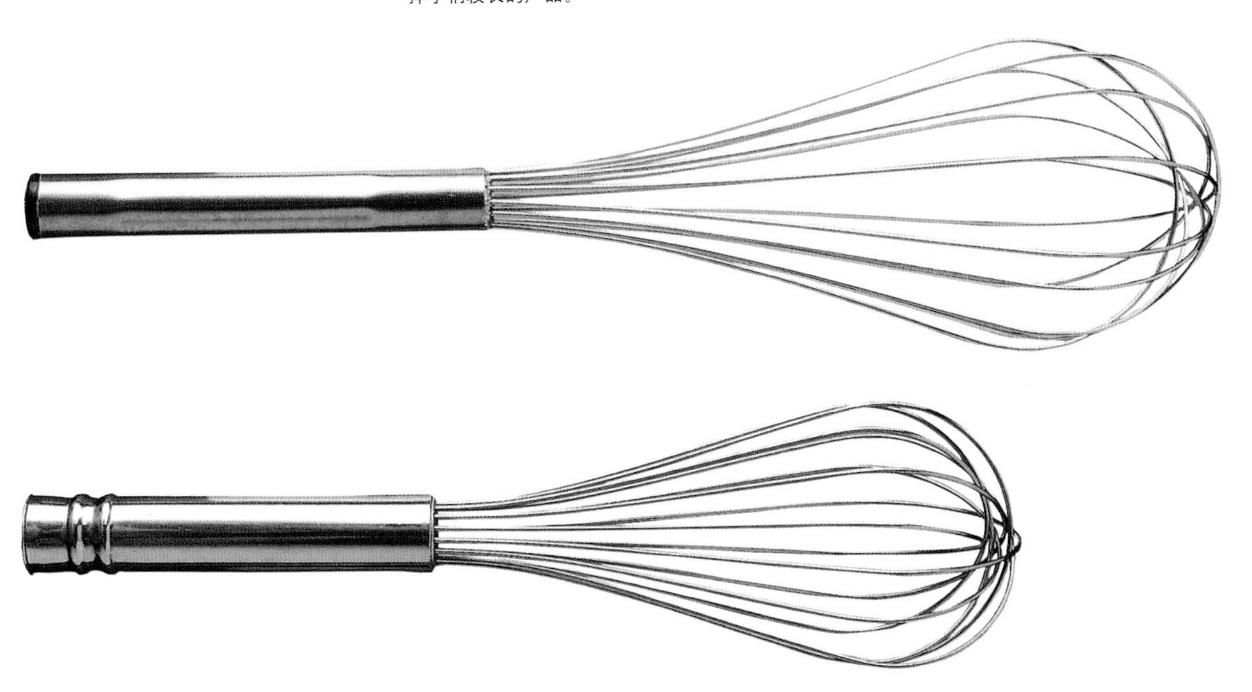

●不锈钢搅拌碗。

搅拌碗过深，运用电动打蛋机时容易碰到搅拌碗的边缘，最好选用较浅的不锈钢搅拌碗。我们经常会用到直径为 21 厘米和 24 厘米的搅拌碗，再准备几个直径为 15 厘米和 18 厘米的搅拌碗操作起来更加方便。

●必备喷雾器。

除了挞之外，本书介绍的各款甜点烤制前都要在表面喷少许水。注意，要选用能喷出细腻水气的喷雾器。

●准备一个小号筛网。

烘焙过程中经常要将一些原料筛到搅拌碗中，因此筛网不宜太大，最好选用小号的筛网。可以选择网眼细密的万能筛。

●两种手动打蛋器。

选择使用自如、大小适中的打蛋器即可。有一种专门用来搅拌蛋液的打蛋器，这种打蛋器上的金属丝非常密集，加入面粉后，不易把面粉和蛋液混合均匀。

推荐大家使用上图中的两种打蛋器。一种较长（大约 30 厘米），弹性好，常用于制作蛋白霜。另一种短一些（大约 24 厘米），较为硬挺，可以在加热鲜奶油时使用。

烘焙前的准备工作

1. 准备原料

原料的初始温度很重要。做海绵蛋糕时，最好不要用刚从冰箱里拿出来的鸡蛋，蛋液温度过低不易打发，影响效果。做黄油蛋糕时，刚从冰箱中取出的黄油也不会很快软化。所以，动手之前首先要将所需的原料准备妥当。

●面粉要先过筛再称重。

面粉使用前要先过筛。这样做并不是要在面粉中混入空气，而是为了使面粉更容易与其他原料混合均匀。我通常会先将面粉过筛，然后再称重。把面粉加入到液体原料中时，还要再过一次筛，一边添加一边搅拌。

●称量原料时不能有误差吗？

原料用量要称量准确，但也不用太过计较1克、2克的误差。如果烘焙过程中操作大意、手法不当，那么称量得再精确也没有意义。而且，即便用大小相同的鸡蛋、蛋白和蛋黄的重量也不一样。

●能减少砂糖和黄油的用量吗？

烘焙的主要原料就是鸡蛋、砂糖、黄油和面粉，充分利用原料的特性。黄油的用量与成品口感的关系已在第12页中简要介绍过了。砂糖的用量不仅会影响甜度，也会影响成品的高度、色泽、口感等。要想烤出美味可口的甜点，必须遵守配方中各种原料配比的平衡。

本书中介绍的配方都非常注重成品的口感，配比恰当。调整配方的首要前提是了解成品的味道。纠结于热量问题减少砂糖和黄油的用量会大大影响风味。

2. 准备模具

用活底蛋糕模做海绵蛋糕、用磅蛋糕模做黄油蛋糕时，模具的准备工作不完全一样。用磅蛋糕模做能够翻转脱模的蛋糕时，要先在模具内涂抹少许黄油，再撒一些高筋面粉，这一点与做海绵蛋糕的准备工作相同。使用挞盘前的准备工作由挞皮的种类决定，请参照第 68 页的介绍操作。

●准备做海绵蛋糕的模具。

用毛笔或刷子在模具内侧涂一层软化至奶油状的黄油（并非完全溶化为液态）。放入冰箱中冷藏片刻，再撒少许高筋面粉。直接在软化的黄油上撒面粉会影响成品外观，因此要先将模具冷藏一段时间。这里用的黄油与面粉不包含在配方用量中。接下来，在模具底部铺一层垫纸，纸的边缘和模具侧壁之间要留有少许空隙，不要紧贴在一起。模具侧壁无需垫纸，侧壁垫纸会阻碍蛋糕糊膨胀，影响烘烤效果。

●在磅蛋糕模内垫一层纸。

磅蛋糕模细而长，比较深，倒扣模具脱模很容易把蛋糕弄碎，因此要在模具内铺一层垫纸。

首先，准备一张垫在模具中四边可以高出模具约 1 厘米的纸。将模具放在垫纸中央，根据模具底面尺寸折叠，再折出 4 个侧面。

●应该选择什么样的垫纸？

垫纸要有很好地吸油能力，选用粗糙的草纸最合适。这种纸也可以用来烤制蛋糕卷，最好多准备一些。用烘焙纸或硅油纸做垫纸可以省去在模具中涂抹黄油这一步，非常方便。

3. 把握好预热烤箱的时机

做好准备之后，我们就可以按照说明开始烘焙了。本书在介绍各款甜点的做法时，都注明了烘烤温度，但不同品牌、型号的烤箱预热时间存在差异。烘烤前首先要使烤箱达到要求的温度，这一点在具体操作过程中要自己斟酌把握。

●为什么按照书中写的温度烘烤却不成功呢？

书中标注的温度和烤制时间会因烤箱型号不同而有出入。最好的办法是试着实际烤制几次海绵蛋糕，然后再选择效果最好的一次作为设置烤箱温度的标准。相比之下，烘烤黄油蛋糕的温度要略低于海绵蛋糕。烤制基础甜挞皮的温度和海绵蛋糕相同，而烤制基础咸挞皮的温度要略高一些，烘烤时需要灵活调整。

也就是说，在实际操作过程中，要根据烤箱的特性调节温度。为了便于调节火候，要准备几个配套的烤盘用来隔热。

基础蛋糕糊 1

海绵蛋糕糊

第一个要点：利用鸡蛋的起泡性充分打发蛋液

做海绵蛋糕需要打发蛋液，成品的口感像海绵一样蓬松柔软。

●做海绵蛋糕的第一个要点就是充分打发蛋液。不用添加泡打粉或乳化剂等食品添加剂。

要做出口感松软的海绵蛋糕，必须遵照配方中的平衡配比。

●基本的原料配比：1 个鸡蛋（连壳重 65 克左右）加 30 克砂糖、30 克面粉和 10～20 克黄油。这一点一定要牢记。如果模具的直径为 20～22 厘米，要按照这个比例，用 3 倍的量。

●制作方法分两种：一种是全蛋法，需要打发全蛋液；另一种是分蛋法，要将蛋白和蛋黄分开，打发蛋白。用全蛋法制成的杰诺瓦士蛋糕①口感湿润轻柔。做基础海绵蛋糕大多使用这种方法。用分蛋法做的比斯基蛋糕②要先打发蛋白，然后与蛋黄糊混合，成品质地比较结实，适合做切成薄片后夹入奶油再叠在一起的裱花蛋糕。第 24 页介绍的在蛋糕糊中加入溶化的巧克力或香蕉泥等做成的海绵蛋糕采用的就是分蛋法。

现在，就按照下一页介绍的方法尝试一下吧。

如果在操作过程中遇到疑问，请仔细阅读第 20 页的说明。

了解操作方法后，可以再试做一次。心中的疑问会自然解开，以后就可以从容地烘焙了。

① genoise，用全蛋法做的最基础的法式海绵蛋糕，发明于 16 世纪意大利的热亚纳，是很多法国甜点的必备组成部分。

② biscuit，在英语中是饼干的意思，在法语中则指用分蛋法做的海绵蛋糕。

基础海绵蛋糕
杰诺瓦士蛋糕

原料（一个直径 20～22 厘米的蛋糕）
鸡蛋　3 个
砂糖　90 克
水（或糖浆）　1 大匙
低筋面粉　90 克
无盐黄油　30 克
* 糖浆的做法请参照第 34 页。
* 如果喜欢黄油的味道，可以把用量增加到 60 克。

◆准备
· 准备模具（参照第 15 页）。
· 烤箱的温度设定在 180℃。

用温水隔水加热打发
1 将鸡蛋打入搅拌碗中，用电动打蛋机低速打发，然后将搅拌碗浸入盛有 40℃左右温水的平底锅中，以最快速度隔水打至起泡。加热平底锅，使水温逐渐上升。

2 打至蛋液体积膨胀后，分 3 次加入砂糖，继续隔水加热，充分打发。

用电动打蛋机将蛋液打发至细腻黏稠状态
3 当蛋液温度达到 40℃，水温达到约 60℃时，取出搅拌碗，继续用电动打蛋机打发，直至蛋液冷却（可采取图中所示的方法，将搅拌碗浸入水中隔水冷却）。等待蛋液冷却期间，将黄油放在小碗中，浸入平底锅的温水中溶化，并保持温度。

●杰诺瓦士蛋糕和比斯基蛋糕有什么区别？
都属于海绵蛋糕，根据做法命名。采用全蛋法的蛋糕称为杰诺瓦士，采用分蛋法的蛋糕则称为比斯基。

●可以调整黄油的用量吗？
初学者最好先少放黄油，熟练之后，再酌情增加。实际上，多加一些黄油并不会使蛋糕变硬，虽然多少会影响蛋糕柔软蓬松的口感，但只要将用量控制在一定范围内，就会在蛋糕原有的湿润蓬松中融入一种酥松的感觉。

4 图中所示是最理想的打发状态。用打蛋器挑起蛋液，蛋液泡沫丰富黏稠，不会滴下来。

加水

5 加入水（或糖浆），用打蛋器搅拌均匀。

加入面粉

6 将1/2的低筋面粉筛入搅拌碗中。用打蛋器顺时针沿搅拌碗侧壁从底部刮拌蛋糕糊，刮到靠近自己的位置时翻动手腕，提起打蛋器，让附在上面的蛋糕糊流下，同时用另一只手逆时针旋转搅拌碗，反复这个动作把蛋液与面粉混合均匀。

10 用硅胶刮刀将残留在搅拌碗边缘的蛋糕糊刮下来，抹在模具易于受热的四周，不要抹在中央。

* 如果搅拌碗里还有残留的没有融入蛋糕糊的黄油，可以倒在蛋糕糊表面。黄油流入模具底部会使沾上黄油的部分变硬，这一点需要注意。

7 筛入剩余的面粉，用上一步描述的手法充分搅拌，直至看不到干粉。只要蛋液打发到位，加入面粉搅拌也不会消泡，状态蓬松轻盈。

烘烤前喷水

11 用喷雾在蛋糕糊表面均匀地喷少量水，然后放入预热至180℃的烤箱。烘烤时注意观察蛋糕的状态，烤制25～30分钟。

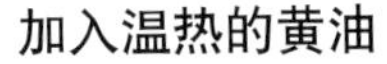

加入温热的黄油

8 将溶化的温热黄油一匙一匙均匀地淋在蛋糕糊表面，用打蛋器大致翻拌均匀。蛋糕糊中留有几缕黄油未完全融合也没有关系。切记不要搅拌过度。

摔模

12 为了防止烤好的蛋糕回缩，要在烘烤结束后取出蛋糕，连同模具一起从距离桌面30～40厘米的高度摔落到桌子上。

入模

9 借助硅胶刮刀将蛋糕糊倒入准备好的模具中，要把搅拌碗底部的蛋糕糊刮干净。

脱模

13 把冷却架倒置于蛋糕表面，连同模具翻转，取下模具。另取一个冷却架，盖在蛋糕上，连同下面的冷却架一同翻转，让蛋糕表面朝上，常温下冷却。

* 蛋糕脱模后表面朝下贴在冷却架上会与冷却架粘连。为了避免这种情况，脱模后要再翻转一次，使其表面朝上。

解答烘焙过程中的疑问

杰诺瓦士蛋糕烤成功了吗？烤好的成品外观如何？如果蛋糕在烤箱中还蓬松鼓胀，冷却后却出现了回缩，表面或者侧面有塌陷现象，就表示烘焙过程中存在失误。蛋糕的口感是最重要的衡量标准，如果口感粗涩，就说明彻底失败了。烤好的蛋糕表层留有一些大气泡属于正常现象。如果成品的高度比以往烤制的略低一些，但口感有所提升，也可以视为一种成功。再次强调一下烘焙中需要特别注意的要点。

●打发蛋液时一定要隔水加热吗？

蛋液之所以能够打发主要是蛋白的作用，蛋白不用隔水加热即可打发，但要打发全蛋，直接打发就比较困难了，因此需要隔水加热。

首先准备一个可以将搅拌碗浸入其中隔水加热的锅。如果随着温度的上升，蛋液产生丰富细腻的泡沫，就表明打发效果比较理想。另外，加热打发易于使砂糖溶解，可以使泡沫更稳定，即便加入面粉和黄油也不会消泡。

刚从冰箱中拿出来的鸡蛋不易打发，会影响烘焙效果。必须让鸡蛋恢复到常温后再操作。

使用电动打蛋机打发蛋液时，不要一直停在搅拌碗某处不动，要同时转动电动打蛋机和搅拌碗。

●蛋液需要打发到什么状态？

有的读者认为蛋液打发到有黏性或者出现丰富泡沫就可以了，其实仅仅如此是不够的。把搅拌碗从热水锅中取出时，蛋液需要打发到泡沫稳定。随着温度不断下降，蛋液仍可保持稳定，不消泡。

打发完成之后，降低蛋液的温度也非常重要。蛋液处于温热状态时加入面粉会使蛋糕糊过于黏稠。蛋液难以快速冷却时，可以隔水冷却。

●为什么拌入面粉前要先加水？

直接在打发的蛋液中加入面粉很难混合均匀，而加入少量水可以加强流动性，容易混合，烤好的成品也更湿润。我经常加一种食品用糖浆，当然也可以加清水。

●为什么要用打蛋器拌入面粉？

蛋液打发后加适量水可以增强流动性，但如果面粉量较多，需要分两次或者多次加入，就不要换用其他工具操作了，只能用打蛋器来搅拌。与刮刀相比，用打蛋器更有助于把面粉和蛋液混合均匀。

●为什么面粉无法拌匀？

很多人认为，搅拌过度会使蛋糕变硬，失去蓬松感，因此操作时过分谨慎，搅拌不到位。搅拌不彻底会使蛋糕口感粗糙，有时还会夹有干面粉。搅拌的目的是使面粉适度出筋，与蛋液混合均匀，但要注意手法，用打蛋器大力画圈搅拌很容易搅拌过度，造成消泡。

轻巧地握住打蛋器的手柄，从搅拌碗底部翻拌，让蛋液和面粉均匀地从打蛋头上的金属丝之前流下，同时用另一只手逆时针慢慢转动搅拌碗，重复这个动作。第一次加入的面粉混合均匀后再加入剩余的面粉，用同样的手法搅拌均匀。切记不要胡乱搅拌，要灵活、轻柔地使原料充分混合。

●为什么黄油溶化后要保持一定温度？

让黄油保持一定温度，不至冷却，是为了使黄油更易融入蛋糕糊中。黄油冷却后流动性就会降低，无法与蛋糕糊混合均匀，容易凝固在表面。黄油溶化后，让盛放黄油的容器漂浮在热水中，保持温热状态即可。

●喷少许水可以让蛋糕表面更平整。

为了消除大气泡，使蛋糕表面更平整，可以在烘烤之前，用力拍打模具侧壁，这样不仅可以震出大气泡，同时也会将一些较小的气泡震出。即使蛋糕糊中还留有一些大气泡，也不会影响成品的风味，不必太担心。我还有一个秘诀，就是在蛋糕糊表面喷少量水，增加湿润度。有时用刮刀等都无法达到绝对的平整，用这种方式却可以做到近乎完美，接下来就可以安心地把蛋糕送入烤箱了。

●如何判断蛋糕是否烤好了？

用手掌轻轻地拍一拍蛋糕表面，如果感觉有弹性，就说明烤制成功。如果发出“嘘”声，同时蛋糕回缩了，就说明还没有烤熟。烘烤时，如果蛋糕表面上色不均匀，要转动模具、变换一下方向。如果烤箱下火很强，需要再垫一个烤盘隔热，烘烤时要注意观察蛋糕的变化。

●为什么蛋糕出炉后会回缩？

海绵蛋糕质地轻盈蓬松，即使在烤制过程中采用各种方法改善，出炉后还是有可能回缩。

为了避免这种情况，出炉后，要迅速让蛋糕连同模具从距桌面30～40厘米高的位置自由落下。这个方法看来有些粗暴，不过蛋糕受到震动后，内部的热气可以在一瞬间和外界实现空气交换，使蛋糕很快冷却，有效避免回缩。蛋糕一直放在模具中也会回缩，要尽快脱模。

在海绵蛋糕糊中加入其他原料

添加杏仁粉和可可粉

1 参照第17页的全蛋海绵蛋糕做法第1~7步，在蛋糕糊中加入面粉充分搅拌（一次加入全部面粉），制作蛋糕糊。黄油隔水溶化，保持温度备用。

2 加入杏仁粉，搅拌均匀（如图A~B）。注意不要搅拌过度。

3 加入温热的黄油，混合均匀。用硅胶刮刀从搅拌碗底部将蛋糕糊刮入准备好的模具中，喷少量水，放入预热至180℃的烤箱中，烘烤约25分钟。
烤好后，摔震一下模具，脱模。把蛋糕表面朝上放在冷却架上（参照第19页杰诺瓦士蛋糕做法第8~13步）。

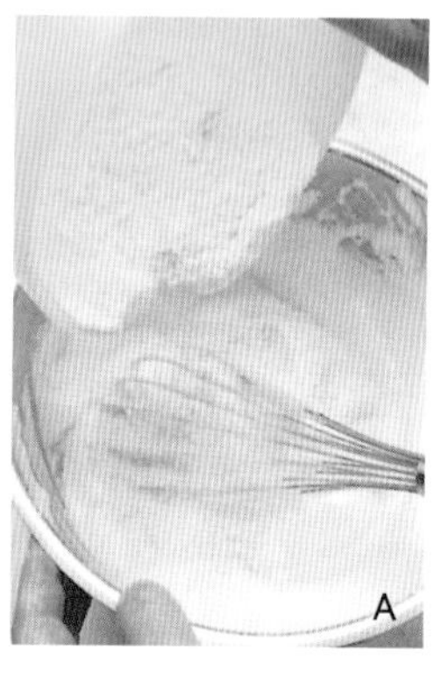
A

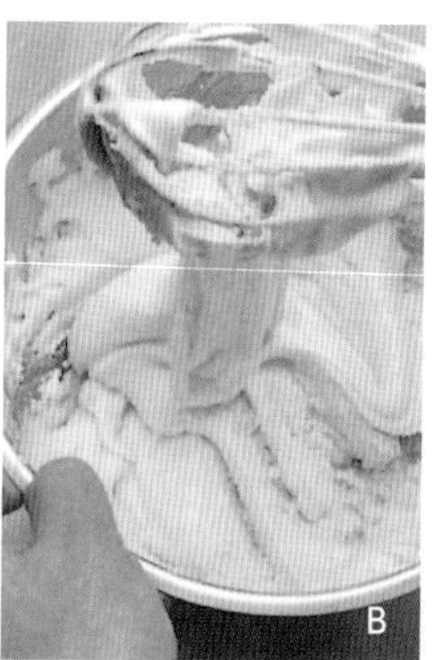
B

杏仁杰诺瓦士蛋糕

原料（一个直径20~22厘米的蛋糕）
鸡蛋　3个
砂糖　90克
水（或糖浆）　1大匙
低筋面粉　60克
杏仁粉[1]　60克
无盐黄油　40克

◆准备
·准备模具（参照第15页）。
·杏仁粉过筛。
·烤箱温度设定在180℃。

●加入面粉之后再加入杏仁粉。
杏仁粉富含油脂，与面粉一起加入，很容易使蛋液消泡。要先加面粉，再加杏仁粉。由于加入了杏仁粉，所以面粉的用量要比做基础海绵蛋糕的用量相应减少一些。

---

①本书中的杏仁粉、杏仁片等杏仁制品都以扁桃仁（almond，俗称大杏仁）为原料。

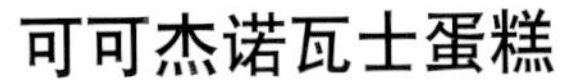

可可杰诺瓦士蛋糕

原料（一个直径 20～22 厘米的蛋糕）
鸡蛋　3 个
砂糖　90 克
水（或糖浆）　1 大匙
低筋面粉　75 克
可可粉　15 克
无盐黄油　40 克

◆准备

· 准备模具（参照第 15 页）。
· 烤箱温度设定在 180℃。

●先混合可可粉与面粉，再筛入蛋液中。

可可粉应先与面粉混合，然后再筛入蛋液中。需要注意的是，可可粉富含脂肪，用量过多会导致蛋液消泡。通常，可可粉的用量为基础海绵蛋糕配方中低筋面粉用量的 1/6。

1 用细筛网或滤茶网筛一遍可可粉，然后与低筋面粉混合，搅拌均匀（如图 A）。

2 参照第 17 页杰诺瓦士海绵蛋糕做法第 1～5 步打发蛋液，加入砂糖。黄油隔水溶化并保持温度。

3 将加入可可粉的低筋面粉分两次筛入蛋液中，用打蛋器从搅拌碗底部用力翻拌均匀（如图 B～C），直至看不到干粉。

4 加入温热的黄油，搅拌均匀（如图 D）。用硅胶刮刀从搅拌碗底部翻拌蛋糕糊，倒入准备好的模具中。在蛋糕糊表面喷少许水，放入烤箱，180℃烘烤约 25 分钟。
烤好后立即拍打模具侧壁，使蛋糕与模具分离。脱模，把蛋糕表面朝上放在冷却架上（参照第 19 页杰诺瓦士蛋糕做法第 8～13 步）。

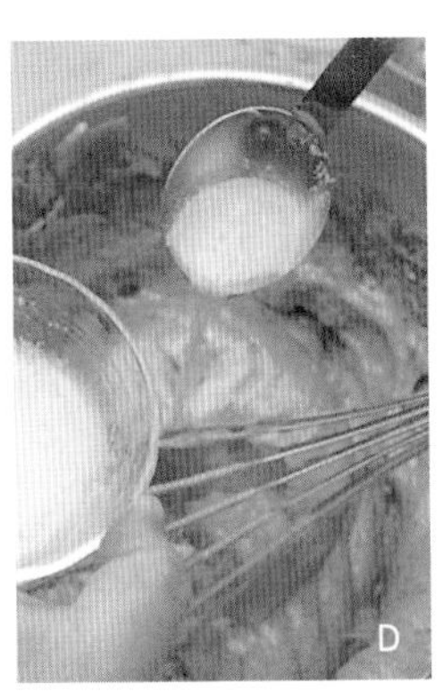

加入溶化的巧克力或香蕉泥

在蛋糕中加入溶化的巧克力或香蕉泥等黏稠的原料时，要用分蛋法制作，分别打发蛋黄和蛋白。蛋白需打发充分，做成稳定的蛋白霜，打发方法请参照第 26 页。

巧克力比斯基蛋糕

原料（一个直径 20～22 厘米的蛋糕）

巧克力　60 克
无盐黄油　30 克
蛋黄　3 个
砂糖　45 克
蛋白　3 个
砂糖　45 克
玉米淀粉　30 克
低筋面粉　60 克

A

◆准备

· 准备模具（参照第 15 页）。
· 烤箱温度设定在 180℃。

B

●混合巧克力与黄油。

溶化的巧克力很黏稠，难以拌匀。与黄油混合后可以增强流动性，容易与蛋糕糊混合均匀。这个方法可以改善口感。

加入巧克力的蛋糕容易发硬，可以用适量黏性弱的玉米淀粉代替低筋面粉。玉米淀粉不要与面粉混合，要先与打发好的蛋白霜拌匀。

1 将巧克力切碎，和黄油一起放入小碗中，隔水溶化。

2 把蛋黄和砂糖放入搅拌碗内，打至颜色发白。

3 另取一个搅拌碗，打发蛋白，分 3～4 次加入砂糖，制作稳定的蛋白霜（参照第 26 页）。加入玉米淀粉，搅拌均匀。

4 从打发好的蛋白霜中取 1/3 倒入 2 中，充分搅拌（如图 A）。

5 筛入低筋面粉，用硅胶刮刀搅拌。原料较为黏稠，需用力搅拌。（如图 B）。

6 加入 1 中的巧克力油，用打蛋器拌匀（如图 C）。

7 加入剩余的蛋白霜，搅拌均匀（如图 D）。用硅胶刮刀从搅拌碗底部翻拌蛋糕糊，然后倒入准备好的模具中，最后喷少许水，放入预热至 180℃ 的烤箱中，烤制约 25 分钟。烤好后立即拍打模具侧壁，使蛋糕与模具分离。脱模，把蛋糕表面朝上放在冷却架上（参照第 19 页杰诺瓦士蛋糕做法第 9～13 步）。

C

D

* 如果想直接加入切成小块的巧克力，可先用全蛋法打发蛋液，加入低筋面粉后再与巧克力混合，最后加入黄油烘烤即可。

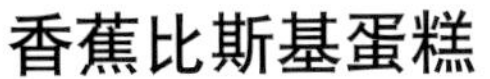

香蕉比斯基蛋糕

原料（一个直径 18 厘米的蛋糕）
香蕉（去皮） 80 克
砂糖 40 克
盐 一小撮
蛋黄 2 个
{蛋白 2 个
{砂糖 40 克
低筋面粉、玉米淀粉、杏仁粉 各 30 克
无盐黄油 30 克
撒在模具底部的杏仁片 适量
{鲜奶油 100 毫升
{枫糖浆 20 毫升
加入利口酒的糖浆 适量

◆准备
· 在模具内涂上薄薄一层黄油（另计），冷却后撒少许高筋面粉（另计），然后在底部撒一层杏仁片（如图 A）
· 将低筋面粉、玉米淀粉、杏仁粉混合，过筛。
· 黄油隔水溶化，保持温度。
· 烤箱温度设定在 180℃。

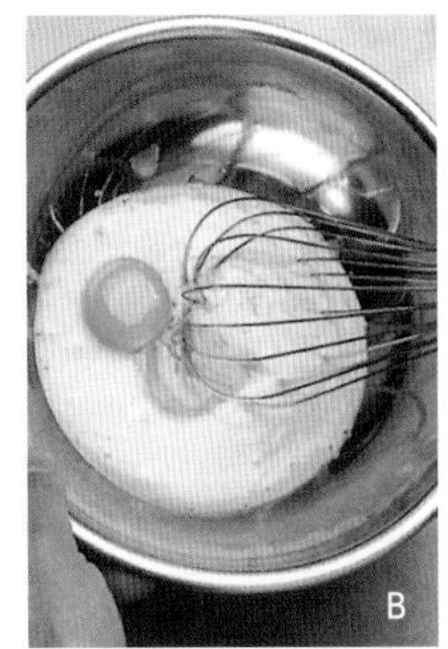

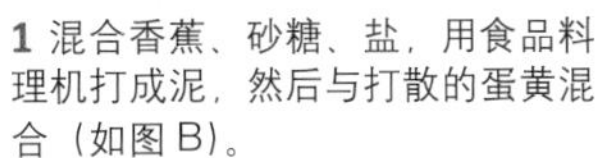

1 混合香蕉、砂糖、盐，用食品料理机打成泥，然后与打散的蛋黄混合（如图 B）。

2 打发蛋白，分 3～4 次加入砂糖，做出稳定的蛋白霜（参照第 26 页）。将 1/3 的蛋白霜与 1 中的原料混合均匀。

3 筛入粉类原料，用打蛋器搅拌均匀。然后加入温热的黄油，混合均匀。

4 加入剩余的蛋白霜，搅拌均匀。用硅胶刮刀把蛋糕糊倒入准备好的模具内。表面喷少许水，放入预热至 180℃ 的烤箱，烘烤约 25 分钟。烤好后立即拍打模具侧壁，使蛋糕与模具分离。脱模，把蛋糕正面朝上放在冷却架上（参照第 19 页杰诺瓦士蛋糕做法第 9～13 步）。

5 蛋糕完全冷却后，切成上下两片（如图 D）。如图所示，把蛋糕放在一个易于切割平整的容器内，用刀水平切开，在切面上刷糖浆。

6 在鲜奶油中加入枫糖浆，连同搅拌碗浸入冰水中打发（参照第 34 页）。在裱花袋上装一个星形裱花嘴，盛入打发好的鲜奶油。把奶油挤在下层蛋糕上，再盖上上半部分（如图 E）。

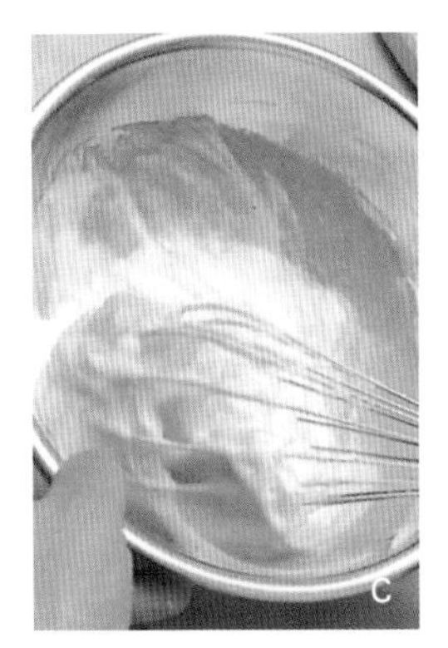

●先把香蕉做成果泥。

先把香蕉泥和打散的蛋黄混合，再用分蛋法制作蛋糕糊，然后在模具中撒一些杏仁片，倒入蛋糕糊烤制。烤好后把蛋糕切分成两层，中间挤上加了枫糖浆的鲜奶油，做好的蛋糕口感香软，风味独特。

制作稳定的蛋白霜

用分蛋法做海绵蛋糕和黄油蛋糕时，需要打发蛋白。熟练掌握了蛋白霜的做法后，无论做什么样的蛋糕都能易如反掌。

●成功制作稳定的蛋白霜的秘诀就是准确把握放入砂糖的时机。制作蛋白霜时，无需拘泥于书上的介绍，要实际观察蛋白霜的状态。不要一次加入全部砂糖，要分次少量加入。一次加入过多会使蛋白难以打发。把握好时机适量加入砂糖可以增强蛋白霜的强韧程度和稳定程度。

●准备好打发工具。最好选择电动打蛋机，这样可以轻松地完成打发。

●搅拌碗等工具上残留有油脂、水珠或其他污渍会影响打发，使用前要仔细检查。

此外，蛋白霜的打发效果受温度影响。蛋白温度高可以很快打发，但打好的蛋白霜粗糙、不稳定。相反，温度较低时，虽然打发速度慢，但打好的蛋白霜细腻、稳定。有人认为，制作蛋白霜要用在阳光下放置了一段时间的蛋白，但从现代营养学角度考虑，我不建议这样做。

这就是完美的蛋白霜。提起电动打蛋机，附着在打蛋头上的蛋白霜尾端能拉出挺立的尖角。

原料

蛋白　3个

砂糖　45克

* 蛋糕的种类不同，砂糖的用量、种类也会有所差异。这里用的是细砂糖。

1 将蛋白打入搅拌碗中，用电动打蛋机低速打发。

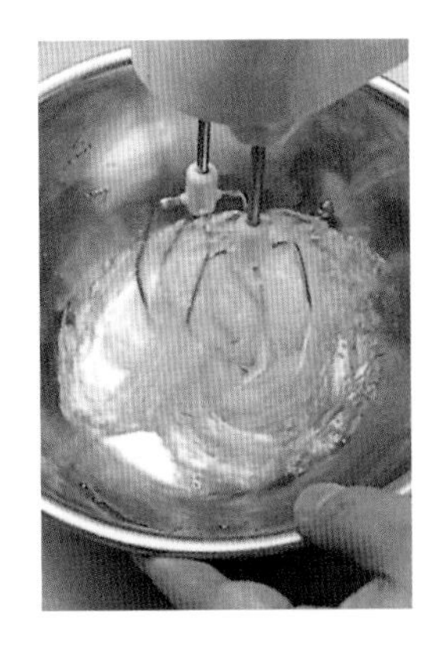

2 当蛋白不再是液态、变成泡沫状时，加入1/4～1/3的砂糖，高速打发。

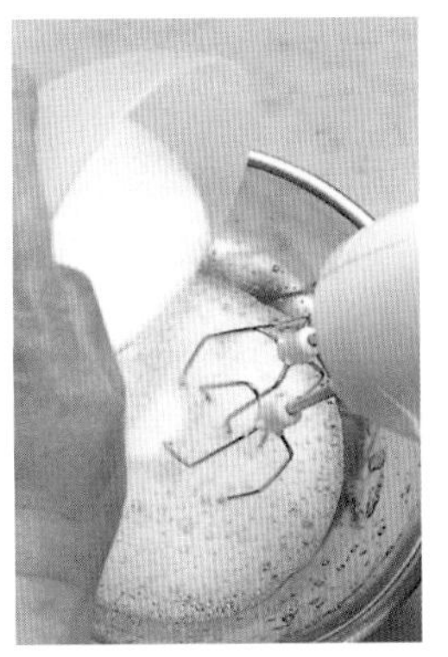

3 继续打发，直至提起电动打蛋机，打蛋头上附着的蛋白霜尾端能拉出细长的尖角。

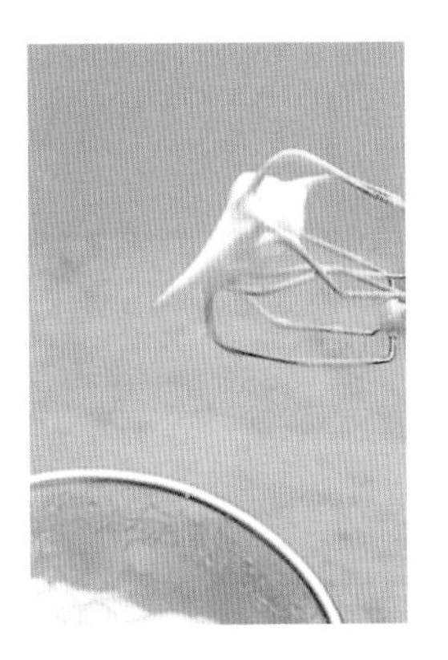

4 达到第3步的状态后，再加入1/4～1/3的砂糖。

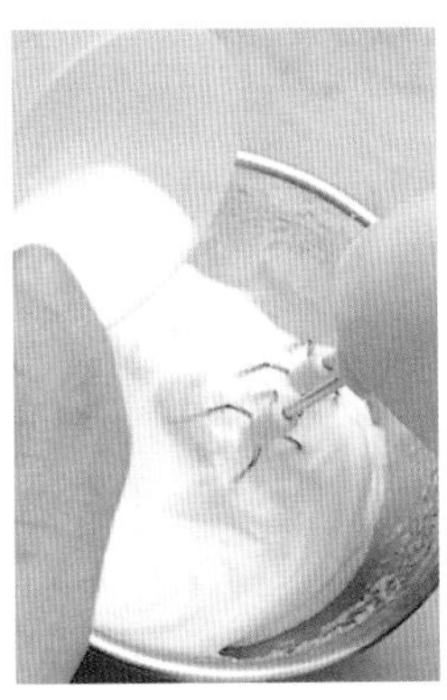

5 高速打发。加入砂糖后，蛋白霜会略有些消泡，但继续打发又会重新变得硬挺。当蛋白霜再次达到第3步中描述的状态时，再加入适量砂糖。

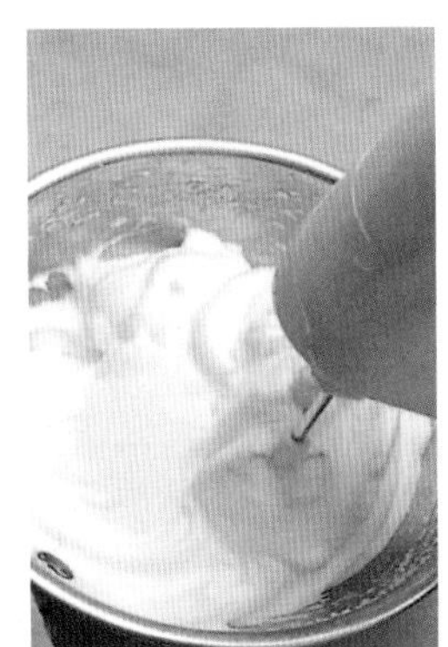

6 反复操作，直至加入所有砂糖，就可以做出左图中的蛋白霜了。

●如何把握加入砂糖的时机？

首先将蛋白打出粗泡，这一步不能打过。用电动打蛋机低速打发。加入少量砂糖（总量的1/4～1/3），然后高速打发。

第二次加入砂糖时，蛋白霜已经能形成尖角，刚加入砂糖会暂时有些消泡，继续打发，蛋白霜会重新变得细腻而富有弹性。这时再加入少量砂糖，之后就可以根据砂糖的具体用量把握添加的时机了。

装饰蛋糕的奶油

除了我们很熟悉的通过打发鲜奶油制作的香堤奶油外，装饰海绵蛋糕还经常会用到用黄油做的酥滑的奶油霜、巧克力奶油、覆盖在整个蛋糕表面的巧克力淋面酱、用卡仕达奶油（custard，是一大类烹饪酱料）制成的慕斯奶油等，下面会一一介绍。此外，第40页还介绍了做蛋糕卷用的卡仕达鲜奶油[1]的做法，大家可以参考。

●关于装饰蛋糕用的工具，如果可能，最好准备一个裱花转盘，便于把奶油涂抹均匀。

●涂抹奶油前，要先在海绵蛋糕上刷适量糖浆或果酱，这样既有助于丰富口味，也可以使奶油更容易抹匀。

●关于丰富口味的原料，与人工香精相比，推荐大家选用自己喜欢的利口酒。果酱可以用百搭的杏果酱。如果果酱不容易抹匀，可以先用小网眼的筛子过一下筛。

---

①diplomat cream，在卡仕达奶油中加入打发的香堤奶油。

香堤奶油→第 34 页

奶油霜→第 36 页

慕斯奶油→第 37 页

巧克力奶油→第 38 页

巧克力淋面酱→第 39 页

用鲜奶油制作香堤奶油

香堤奶油（Chantilly cream）是一种常用的做花式蛋糕的原料，也就是打发的奶油（whipped cream），想把蛋糕做得精致美观并不容易。

鲜奶油容易打发起泡，摇动包装盒就会使奶油产生细腻泡沫，呈现出打发状态。

●打发鲜奶油时，要先将搅拌碗置于冰水中，隔水冷却，打发时选用短柄、手感较硬的打蛋器。另外，不要把奶油一次全部打发，要把涂抹蛋糕表面用的和裱花用的奶油分开盛放，使用时再分别打发至需要的状态。

●为了避免奶油打发过度，变得粗糙，要在完全达到需要的状态前停止打发。为了让蛋糕更完美，可以对奶油涂面做小幅修整，但不要过度，这些都是装饰蛋糕的秘诀。

●涂抹奶油时，为了使蛋糕表面平整美观，可以将蛋糕底面朝上放置。

原料（装饰一个直径 20~22 厘米的海绵蛋糕）

鲜奶油　120 毫升

砂糖　2~3 小匙

喜欢的利口酒　1 大匙

加入利口酒的糖浆　适量

* 按照砂糖与水 1:2 的比例熬制糖浆。混合砂糖与水，煮至砂糖全部溶化，冷却后加入喜欢的利口酒。

* 奶油的用量：做奶油夹心用量为 120~150 毫升；装饰用量为 80~100 毫升。

◆准备

· 准备一个盛有冰水的大号搅拌碗和一个恰好能浸入其中的小号搅拌碗。

●涂抹蛋糕用的奶油。

奶油具有流动感，浓滑柔软。

●裱花用的奶油。

用打蛋器打至奶油柔软顺滑，尾端能拉出略弯的柔和尖角。

●选择什么样的鲜奶油最好？

请选择成分列表上标有“纯乳脂奶油”的鲜奶油。虽然加入植物油或食品添加剂的奶油更容易打发，且易于保存，但口感和风味差距很大。最好使用乳脂含量约为 45% 的鲜奶油。购买时要用冰袋等保持低温带回家，冷藏保存。

打发鲜奶油

1 将鲜奶油、砂糖、利口酒倒入搅拌碗中，把搅拌碗浸入盛有冰水的容器中。注意，尽量使整个搅拌碗浸入冰水中，保持冷却状态。

2 用打蛋器以画圈的方式快速搅打奶油。

3 奶油变得黏稠后，放慢打发速度仔细观察，打至奶油柔滑流畅。

涂抹奶油

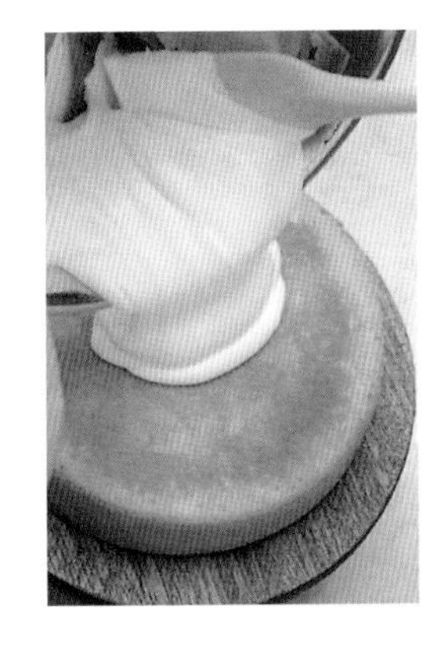

4 将蛋糕放在裱花转台上，表面刷一层糖浆，然后将做好的香堤奶油倒在蛋糕中央。

5 抹刀保持一定倾斜度（大约倾斜30度），一边慢慢旋转转台，一边将表层奶油涂抹均匀。用抹刀反复刮涂会使奶油表面粗糙不平整，因此，尽量旋转一圈便涂抹均匀。

6 把表面流下来的奶油均匀地涂抹在蛋糕侧面。手法与上一步一样，抹刀保持倾斜30度，不要转动抹刀，只要将转台旋转一圈，就可以涂抹均匀了。

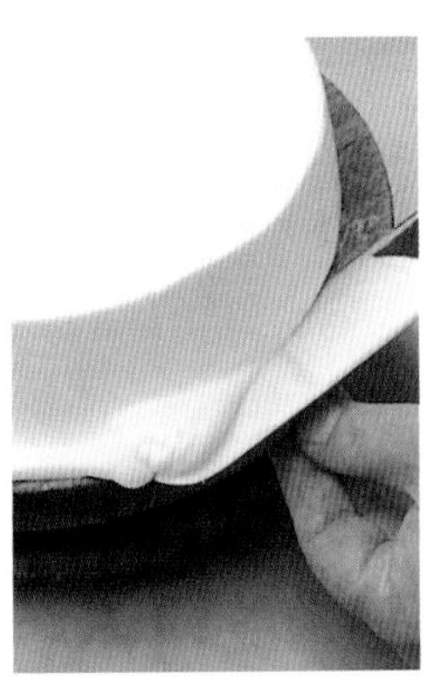

7 去除残留在底部的多余奶油时，先将抹刀稍稍插入转台和蛋糕之间，然后缓缓转动转台，奶油与裱花转台即可分离。

用黄油制作奶油霜

奶油霜常常让人觉得油腻，这里向你介绍一款加入蛋白霜、口感清爽的奶油霜。

与鲜奶油不同，奶油霜硬度大，不易变形，操作方便，适合做精细装饰。奶油霜中可以加入巧克力酱、速溶咖啡、果仁糖①、果酱等配料，这样可以丰富口感，色泽也更光鲜。奶油霜做好后可在冰箱中冷藏一周左右，也可以冷冻保存。

●要点是逐次、少量地将蛋白霜（带有水分）加入到充分打发的黄油中，混合均匀，同时使蛋白霜保持温热、黏稠状态，尽量在冷却前与黄油混合好。

---

① praliné，一种用坚果、糖浆和其他配料制作的糖果，发源于17世纪的法国，各国的果仁糖有不同的做法，花色多样。

原料（装饰一个边长20厘米的正方形海绵蛋糕）

无盐黄油　200克

蛋白　70克
糖粉　70克

喜欢的利口酒　1大匙

加入利口酒的糖浆、杏果酱　适量

◆准备

· 将黄油倒入搅拌碗中，打成柔软的奶油状。

· 在锅中倒入约80℃的热水。

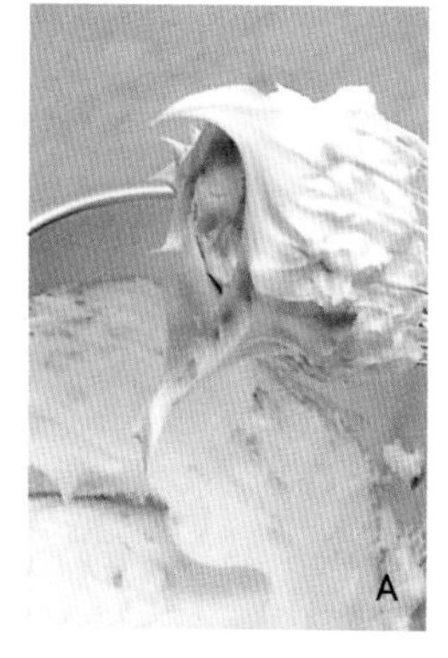

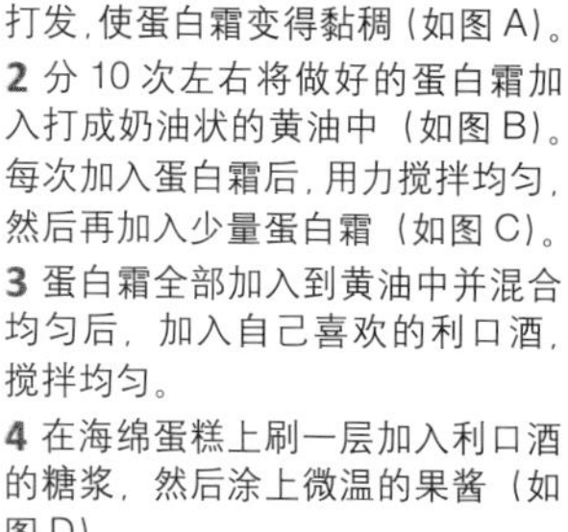

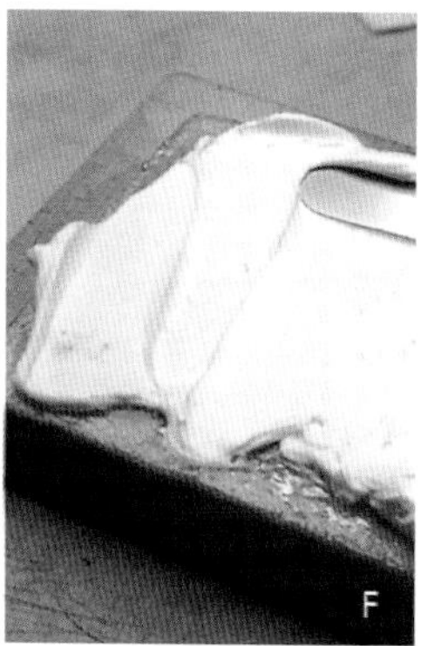

1 将蛋白倒入搅拌碗中，分5~6次加入糖粉，做出稳定的蛋白霜（参照第26页）。打至蛋白起泡后，将搅拌碗置入80℃的热水中，继续打发，使蛋白霜变得黏稠（如图A）。

2 分10次左右将做好的蛋白霜加入打成奶油状的黄油中（如图B）。每次加入蛋白霜后，用力搅拌均匀，然后再加入少量蛋白霜（如图C）。

3 蛋白霜全部加入到黄油中并混合均匀后，加入自己喜欢的利口酒，搅拌均匀。

4 在海绵蛋糕上刷一层加入利口酒的糖浆，然后涂上微温的果酱（如图D）。

5 将奶油霜盛在海绵蛋糕表面中央部分（如图E）。

6 用抹刀把奶油霜均匀涂抹开（如图F）。装饰蛋糕时，可以用裱花嘴裱出喜欢的花纹，也可以用带有锯齿的刮板或有波浪纹的小刀刮出花纹。

●黄油太硬怎么办？

如果室内温度很低，黄油就会凝固，流动性差，难以与蛋白霜混合。这时，可以用小火加热搅拌碗底部，使黄油软化到适宜的状态，再加入蛋白霜。

●怎样才能把奶油霜涂抹得精致漂亮？

直接用奶油霜涂抹蛋糕，会混入蛋糕屑。因此，在涂抹奶油霜之前要先抹一层果酱，推荐使用杏果酱。

奶油霜处于柔软状态时，比较容易涂抹。如果奶油霜变硬，可以先将其隔水稍稍加热，然后再用。

用卡仕达奶油制作慕斯奶油

●大家熟悉的奶油泡芙中填充的卡仕达奶油（做法参照第94页）不适合用来装饰蛋糕，不过，用这里介绍的方法，在卡仕达奶油中加入黄油做成慕斯奶油，就很容易操作了。
在法国，提起用草莓做的甜点，最受欢迎的就是法式草莓蛋糕（le fraisier）了。大部分蛋糕中间夹的都是奶油霜，但我更喜欢用慕斯奶油来代替。用大量慕斯奶油将草莓完全覆盖起来，再在蛋糕表面铺一层绿色的杏仁膏[①]。做好的蛋糕需放入冰箱中冷藏一段时间再取出切块，可以看到草莓的切面，这是一种传统做法。待慕斯奶油恢复到常温，就可以享用了。

原料（装饰一个边长20厘米的正方形海绵蛋糕）
卡仕达奶油
- 牛奶 270毫升
- 香草荚 一小段
- 砂糖 100克
- 低筋面粉 40克
- 蛋黄 4个
- 无盐黄油 30克
- 喜欢的利口酒 适量

无盐黄油 100克
加入利口酒的糖浆 适量
草莓（中等大小） 约500克
装饰用的绿色杏仁膏 适量
糖粉 适量
* 此处的绿色杏仁膏是将杏仁膏与绿色食用色素混合做成的。做真正的绿色杏仁膏需要将100克杏仁和30克开心果连皮置于热水中浸泡，然后沥干水分，用食物料理机打碎，再加入100克糖粉搅拌，最后加入蛋白，用手揉成团。

◆准备
· 参照第94页的说明制作卡仕达奶油，然后冷却（配料有所不同，但做法相同）。
· 软化黄油。
· 草莓清洗、去蒂，用软刷刷去尘污。

制作慕斯奶油
1 用打蛋器把卡仕达奶油搅拌柔滑。如果奶油不够柔滑，就无法与黄油均匀混合。
2 将软化的黄油倒入搅拌碗中，用打蛋器打成奶油状，逐次、少量加入到1中，混合均匀（如图A~B）。

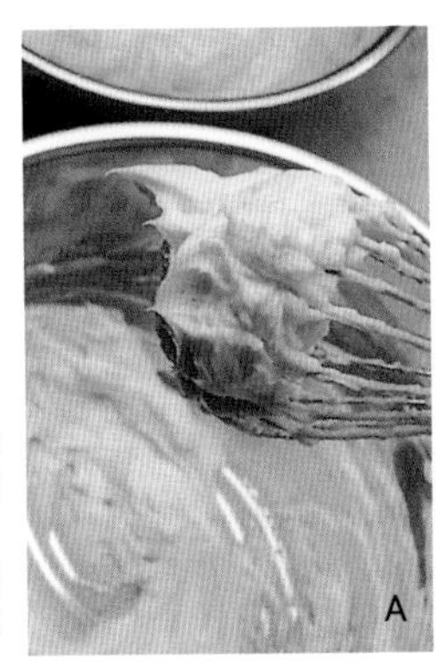
A

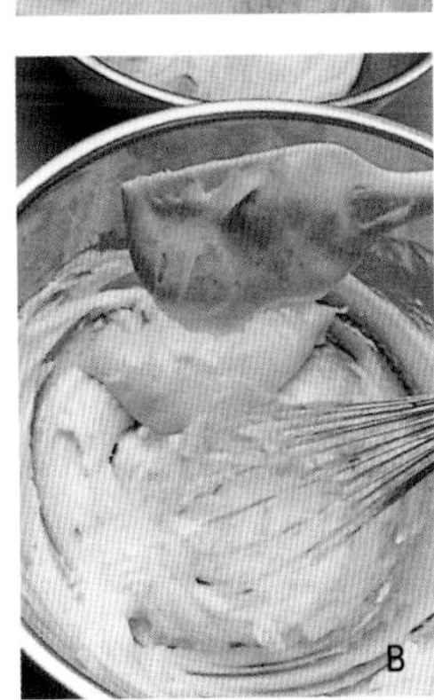
B

制作草莓奶油夹层
3 将蛋糕横向切分成两片，在下层蛋糕片上刷一层糖浆，然后抹一层慕斯奶油，厚度大约5毫米。将草莓尖朝上放在奶油层上，紧密排放（如图C）。
4 在草莓上倒入足量慕斯奶油，用抹刀由中心向四周抹平，奶油与草莓之间不要留有空气，填平草莓之间的间隙（如图D）。
5 在上层蛋糕片的切面上刷一层糖浆，覆盖在奶油层上。然后在蛋糕表面刷一层糖浆，涂上剩余的慕斯奶油。
6 混合杏仁膏与糖粉，用小号擀面杖将其擀成3~5毫米厚的片，与蛋糕表面积大小相当，铺在表层奶油上（如图E）。要用带凸点的小号擀面杖擀制，起到装饰作用。
7. 将蛋糕放入冰箱冷藏2~3小时，直到蛋糕中心部位完全冷却。取出蛋糕，把小刀在热水中浸热、擦干，切掉蛋糕四边，露出草莓切面。一定要等到蛋糕完全冷却才能切分。

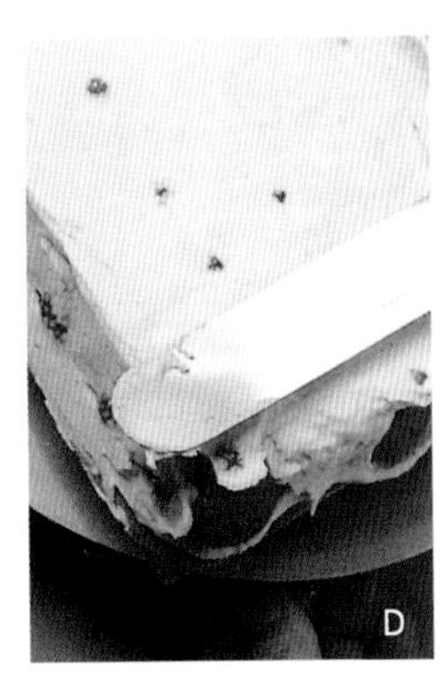
D

C

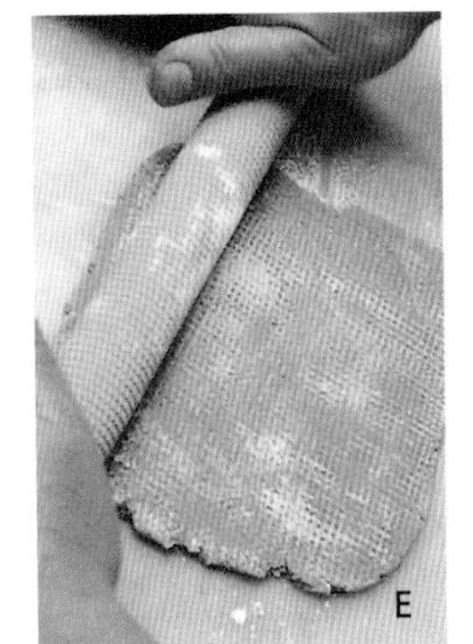
E

① marzipan，又称杏仁糖膏、杏仁糖、杏仁糖衣，一种由糖和杏仁做成的甜食，可用于烘焙、做蛋糕表面装饰或甜品内馅。杏仁膏的特色之一是加入了苦杏仁，有的杏仁膏会添加玫瑰花水。杏仁膏做法很多，德国杏仁膏是把整颗杏仁捣碎、加入糖，再经过部分烘干做成的；法国杏仁膏则是以杏仁粉拌入糖浆制成；西班牙杏仁膏不加苦杏仁。

用巧克力制作巧克力奶油

巧克力奶油（ganache，有的书把这个法语词直接音译为"甘那许"）是一种由巧克力和鲜奶油混合而成的巧克力奶油酱，可以与其他奶油混合使用，还可以用来做松露巧克力，应用范围非常广。

●这种奶油容易涂抹，涂抹时不会有粗涩感，便于进行细微的修整。刚涂好的巧克力奶油非常柔滑，放置一段时间会逐渐定型，这期间其状态会不断变化，你可以由此体会到装饰蛋糕的无限乐趣。裱好整个蛋糕后，可以用带有锯齿边的刮板在表面刮出花纹。

最基础的巧克力奶油的配置比例为巧克力：鲜奶油＝2∶1。可以根据用途和个人喜好，同比增减用量。

巧克力最好选用富含可可脂的考维曲巧克力（couverture chocolate），也称调温巧克力或涂层巧克力，是巧克力工艺师和甜点师用作原料的一种巧克力，至少含31%的可可脂，溶化速度快，容易操作。用这种巧克力作甜点涂层可以使成品外观富有光泽。我最喜欢的一种是可可脂含量约为55%的考维曲甜巧克力。如果买不到，也可以用做蛋糕专用的甜巧克力。

原料（装饰一个直径20～22厘米的海绵蛋糕）

鲜奶油　100毫升

考维曲巧克力　150克

喜欢的利口酒　1～2大匙

加入利口酒的糖浆　适量

◆准备

· 将巧克力切碎（无需切太碎，但也不要切得太粗糙）。

1 将鲜奶油倒入不锈钢搅拌碗中，直接用小火加热，注意不要将底部或周围烤焦。一边用打蛋器搅拌，一边加热（如图A），微微沸腾后离火。

2 将巧克力屑倒入1中，用打蛋器将巧克力全部浸入鲜奶油中（如图B）。

3 不要立刻搅拌，待热量传到巧克力中、鲜奶油冷却后，再用打蛋器搅拌，使巧克力屑充分溶化（如图C）。

4 加入喜欢的利口酒，搅拌均匀（如图D）。如果搅拌碗底部残留有未溶化的巧克力屑，可以将碗底置于离火稍远的位置加热，或隔水加热，让巧克力屑溶化（如图E）。把巧克力奶油搅拌至柔滑流畅、易于涂抹造型的状态，均匀地抹在刷了糖浆的蛋糕上（如图F）。

A

B

C

D

E

F

●巧克力奶油可以装饰蛋糕吗？

刚做好的巧克力奶油温热松软，虽然不像巧克力淋面酱那样冷却后能形成酥脆的外壳，但也可以涂抹在整个蛋糕上做装饰。鲜奶油经过打发裹入空气后会变得柔滑细腻，可以用裱花袋裱花，巧克力奶油中裹入空气则会影响光泽度，要注意避免。如果巧克力奶油变硬不便操作，可以稍加热软化。

●怎样装饰蛋糕的侧面？

装饰蛋糕侧面时，不要将蛋糕放在裱花转台上，要用一只手托起蛋糕。为了方便手托，可以在蛋糕底部垫一层烤纸，也可以垫蛋糕模具的底盘。这样，就可以将烤杏仁片贴在蛋糕侧面了。

●如何做出图片中的装饰效果？

图中的蛋糕用带锯齿边的刮板做出了波浪纹。让刮板与蛋糕表面保持30度角，横向画波浪线即可。蛋糕侧面也可以刮出漂亮的花纹。完成之后，再用抹刀修饰。

用巧克力制作巧克力淋面酱

在考维曲巧克力中加入色拉油，就可以做蛋糕淋面了。现在就为大家介绍一下巧克力淋面酱。

●在巧克力中加入色拉油可以使其更容易涂抹在海绵蛋糕上。单纯使用溶化的考维曲巧克力做蛋糕淋面很难操作，口感过硬，而加入色拉油之后，操作起来就简单多了，口感也十分酥脆。在这个过程中需要控制好温度，因而会有些麻烦。市面上卖的巧克力淋面酱（和以它为原料做的松露巧克力）并不好吃，一定要自己试着做一下。

原料（装饰一个直径 20～22 厘米的海绵蛋糕）

考维曲巧克力　200 克

色拉油　巧克力用量的 10%～20%

涂抹在蛋糕表面的奶油（或糖浆）　适量

◆准备

· 将海绵蛋糕放在冷却架上，架子下铺一层保鲜膜。在蛋糕表面抹一层鲜奶油或糖浆，使其更平整柔滑（也可以把速溶咖啡与第 36 页中的奶油霜混合使用，还可以刷糖浆）。

●注意控制巧克力淋面酱的温度。

巧克力溶化后注意控制温度是为了使蛋糕淋面的光泽更完美。

做巧克力淋面酱时不需要用专业的标准温度计。只要按步骤操作，巧克力溶化后立刻降温就可以了。温度过低会使巧克力淋面酱凝固，要保持在易于操作的范围内，温度过高不易涂抹平整。要注意：如果有少量巧克力凝固在搅拌碗底部，可以将搅拌碗在开水中浸一下，如果还不够柔软，可以再浸一下，把握好状态。

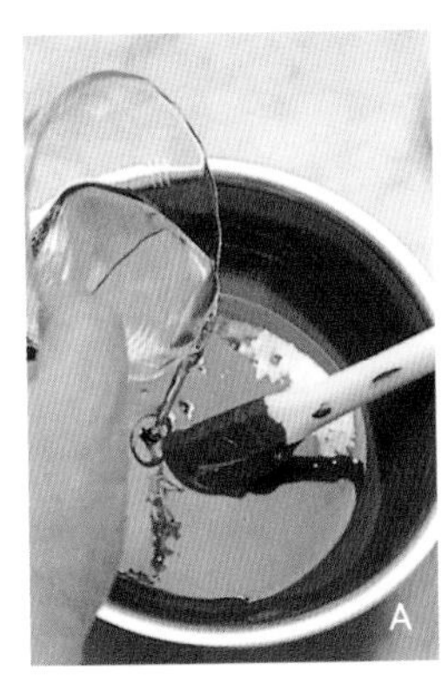
A

D

B

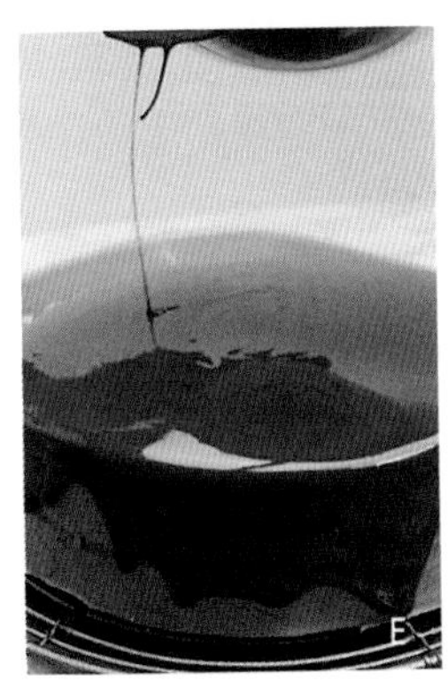
E

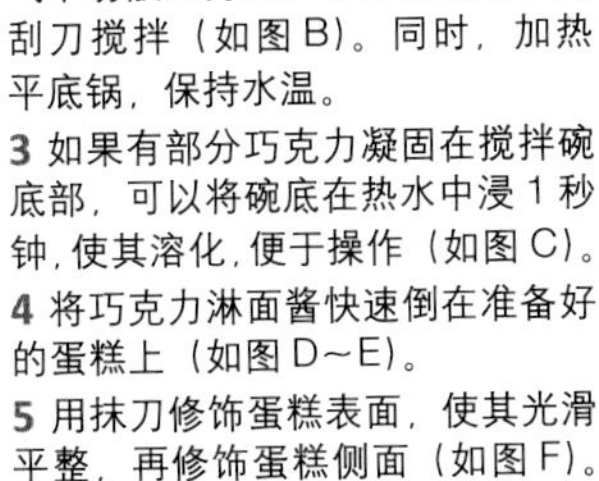

1 将巧克力切碎放入搅拌碗中。平底锅中倒入 40℃～50℃ 的热水，把搅拌碗浸入其中（搅拌碗的尺寸应比锅略小，以水蒸气不易散入为宜）。巧克力溶化后，加入色拉油混合搅拌（如图 A）。

2 将搅拌碗从平底锅中取出，放入另一个略大的搅拌碗（大小以水蒸气不易散入为宜）中降温冷却，用刮刀搅拌（如图 B）。同时，加热平底锅，保持水温。

3 如果有部分巧克力凝固在搅拌碗底部，可以将碗底在热水中浸 1 秒钟，使其溶化，便于操作（如图 C）。

4 将巧克力淋面酱快速倒在准备好的蛋糕上（如图 D～E）。

5 用抹刀修饰蛋糕表面，使其光滑平整，再修饰蛋糕侧面（如图 F）。多次修饰会留下痕迹，要尽量一气呵成。

* 残留在保鲜膜上的巧克力可以待其凝固后取下来，保存好，留待下次使用。

C

F

海绵蛋糕的变化款
蛋糕卷

按照基本的搅拌方法做杰诺瓦士蛋糕，只是烤得薄一些，无法做成蛋糕卷。

●为了能把蛋糕片卷成蛋糕卷，必须调整配方，原料中不加黄油。操作步骤与做基础海绵蛋糕相同，但拌入面粉的方式不同。蛋糕糊要比做杰诺瓦士蛋糕时搅拌得更充分，大约需要搅拌 60 次。相对于面粉和砂糖的用量，鸡蛋所占的比例降低了，如果面粉与蛋液没有混合均匀，成品组织就会变得粗糙易碎。

●蛋糕片很薄，烘烤时间过长会变得干硬。与杰诺瓦士蛋糕相比，烤蛋糕片时要提高烘烤温度，烤 10～12 分钟。蛋糕片的底面（卷在外侧）不能烤上色，因此需要把两个烤盘重叠起来盛放蛋糕糊。烤好的蛋糕片像天鹅绒一样湿润漂亮就是最理想的效果。

原料（选用边长 20 厘米的烤盘）

鸡蛋　3 个

砂糖　60 克

水（或糖浆）　1 大匙

低筋面粉　50 克

＊烤盘尺寸相差不到 2 厘米可以使用这一配方。如果烤盘边长是 20 厘米，用配方 2/3 的量即可（余数四舍五入）。

◆准备

· 把垫纸铺在烤盘中，四周留出一些余量，纸边高出模具 2 厘米，按照烤盘底面的尺寸折好。我们需要用两张垫纸，横向、纵向各铺一张。

· 烤箱的温度设定在 200℃。

制作蛋糕糊

1 参照第 17 页杰诺瓦士蛋糕做法第 1～7 步制作蛋糕糊。注意要一次筛入全部面粉，搅拌至看不到干面粉后继续搅拌，比做杰诺瓦士蛋糕多搅拌大约 60 次。一定要从搅拌碗底将蛋糕糊高高挑起，再让它落回搅拌碗内，每搅拌一次都要转动一下搅拌碗。

搅拌好之后，将蛋糕糊倒在烤盘中。

把蛋糕糊倒入烤盘，烘烤

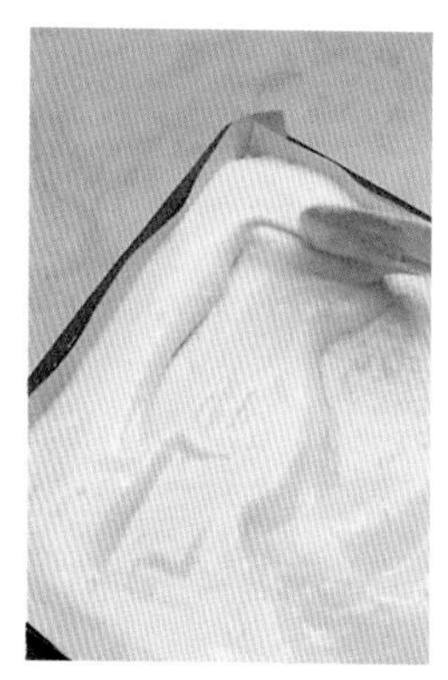

2 将蛋糕糊倒在准备好的烤盘中央。用硅胶刮刀把蛋糕糊从中间抹到四周。

3 用刮板沿烤盘边缘顺时针刮一圈，把蛋糕糊表面刮平整，不要动中间的蛋糕糊。刮板与蛋糕糊表面保持 30 度角，利用刮板自身的重量平行于烤盘的一边刮动。刮平一边后，将烤盘旋转 90 度，整理另一边。

4 在蛋糕糊表面喷少许水（使蛋糕更平整），然后放入预热至 200℃ 的烤箱中烤 10～12 分钟。

5 将烤好的蛋糕片表面朝上放置，冷却。如果冷却好的蛋糕片暂时不卷成蛋糕卷，要装入大号保鲜袋中密封保存，以免变干。

草莓蛋糕卷

草莓蛋糕卷

蛋糕卷中包裹的奶油馅最适合用卡仕达鲜奶油，香堤奶油比较软，草莓放在上面容易滑动，不容易卷，而用添加了蛋黄和明胶粉的卡仕达鲜奶油做内馅就很容易定型了。在奶油馅中点缀一些水果味道更诱人，做好的蛋糕卷也非常漂亮。

加入明胶粉会使奶油馅快速定型，因此卡仕达鲜奶油做好后，要尽快涂抹在蛋糕片上。在奶油上铺一层草莓可以卷得更漂亮，一定要把握好时间。

原料（1 个蛋糕卷）

卡仕达鲜奶油

- 蛋黄　1 个
- 砂糖　30 克
- 柠檬汁、喜欢的利口酒　各 2 小匙
- 明胶粉　2 小匙
- 白葡萄酒（或水）　2 大匙
- 鲜奶油　150 毫升

草莓　100 克左右

加入利口酒的糖浆　适量

装饰用糖粉　适量

◆准备

·用适量白葡萄酒浸泡明胶粉（约 30 分钟）。

·翻转蛋糕片，轻轻揭去底部的垫纸。为了防止翻面时烤上色的表面被粘掉，要先盖上一张纸，再翻面揭去底部垫纸，铺在蛋糕片下方。

·草莓去蒂，切成 4 块。

准备蛋糕片

1 把蛋糕片的一边斜着切掉 1 厘米，这一端要卷在外侧。

2 为了卷得更漂亮，可以在蛋糕片卷在内侧的一端每隔 2 厘米浅浅地切一道切痕，共切 5~6 道。

3 将加了利口酒的糖浆轻轻刷在蛋糕片上。蛋糕片很薄，最好用软毛刷。

制作卡仕达鲜奶油

4 将蛋黄和砂糖倒入小号搅拌碗中混合。把搅拌碗浸入热水中，边隔水加热边搅拌。搅拌至奶油状后，取出搅拌碗，加入柠檬汁和利口酒混合均匀。

8 以一排草莓为中心，将蛋糕片慢慢卷起。

5 将用白葡萄酒浸泡过的明胶粉加温水溶化，迅速与 4 混合。（明胶粉可以用微波炉加热，但不要煮开）。

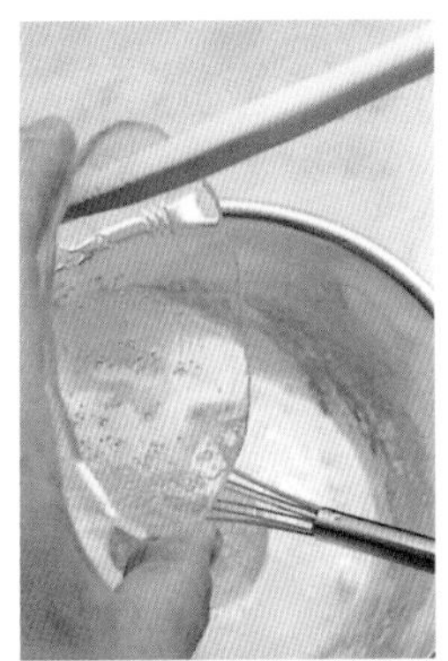

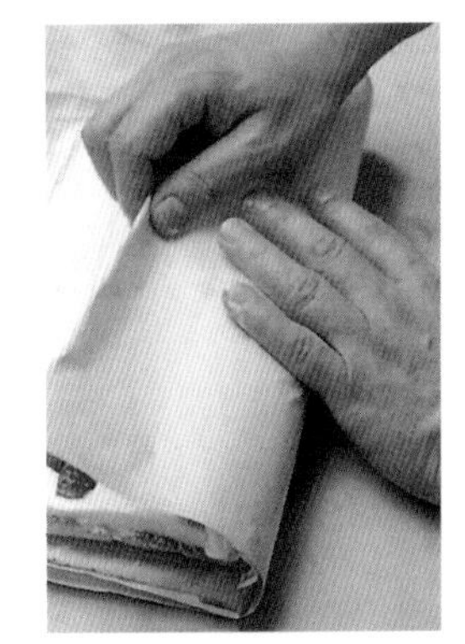

9 为了避免垫纸边缘撕破，可以折起 2 厘米左右，把纸边变成双层。一边卷，一边慢慢将垫纸揭下来，直到卷好。

6 将鲜奶油倒入另一个搅拌碗，碗底浸入冰水中，隔水保持低温轻轻搅拌，然后倒入 5 中，混合均匀。

10 最后，用揭下来的垫纸将蛋糕卷包起来，放入冰箱冷藏，享用时撒一层糖粉。

卷制

7 将卡仕达鲜奶油倒在蛋糕片上，涂抹均匀，卷在外侧的一端抹得稍薄些。在奶油上摆 4 排草莓，每两排之间留一定间隔。

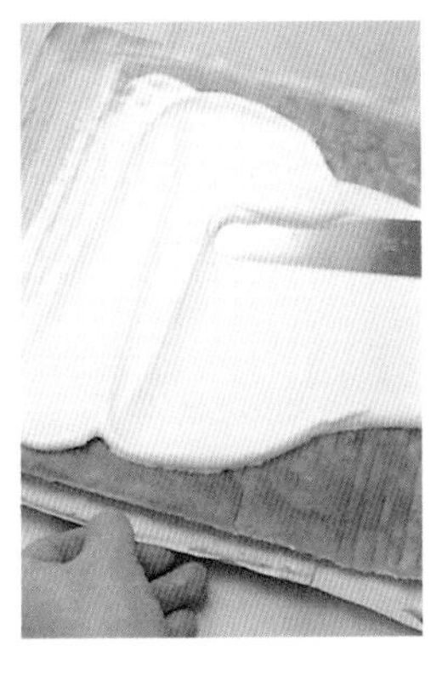

海绵蛋糕的变化款

手指饼干

手指饼干外脆内软，制作时要用裱花袋把饼干糊挤成条状，然后烘烤，挤好的饼干坯必须尽可能保持稳定不变形。

●为了让挤好的饼干坯不变形，要在面糊中加入适量蛋白霜，采用分蛋法。配料中面粉的用量较少，不含黄油。面粉中要掺一些玉米淀粉，这样饼干糊的筋度就要比只用小麦粉更低一些，有利于保持形态。另外，为了让糖与其他原料更好地融合，最好选用粉末状的糖粉。

●烘烤前，饼干坯表面要筛两层糖粉，烤好后还可以再撒一层。在法国，人们形容饼干表面富有光泽的薄薄糖霜“就像珍珠一样美”。

烤好的饼干干燥保存可以存放1～2周，既可以直接吃，也能用来做夏洛特蛋糕①，制作时，可以把饼干糊挤成大小合适的漩涡状圆饼做蛋糕底。

原料（50根8厘米长的手指饼干）

- 蛋黄　2个
- 糖粉　20克
- 橙皮屑（依喜好添加）　要用半个橙子

- 蛋白　2个
- 糖粉　30克

低筋面粉　40克
玉米淀粉　10克
装饰用糖粉　适量

◆准备

· 用铅笔在烤纸上画几道线，作为挤饼干坯时的标记。手指饼干长8厘米，所以要画两组间距8厘米的线，两组之间留2厘米的距离。
· 将低筋面粉与玉米淀粉混合，过筛。
· 烤箱温度设定在160℃。

●在法语中，cuillère是什么意思？

这个词在法语中意为汤匙、调羹。裱花嘴出现前，人们一直用汤匙来给蛋糕造型。

① charlottea，一种可以冷藏后品尝也可以趁热吃的甜点，也称为 "ice-box cake"。先将面包、海绵蛋糕、软饼或曲奇饼铺在模具底部，然后填满果泥或卡仕达奶油。经典做法是把老面包在黄油中蘸一下做蛋糕底，今天人们经常用海绵蛋糕和手指饼干代替。

充分混合蛋黄和糖粉

1 混合蛋黄和糖粉，搅打至颜色发白，可以根据自己的喜好适量添加橙皮屑。

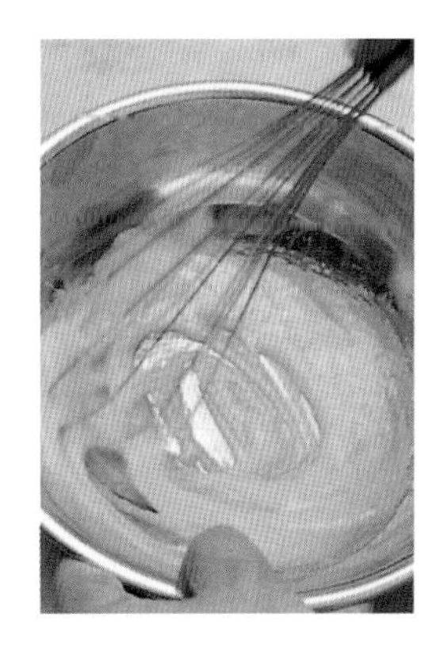

加入蛋白霜

2 将蛋白打入另一个搅拌碗中，分5次加入糖粉，做出稳定的蛋白霜(参照第26页)。

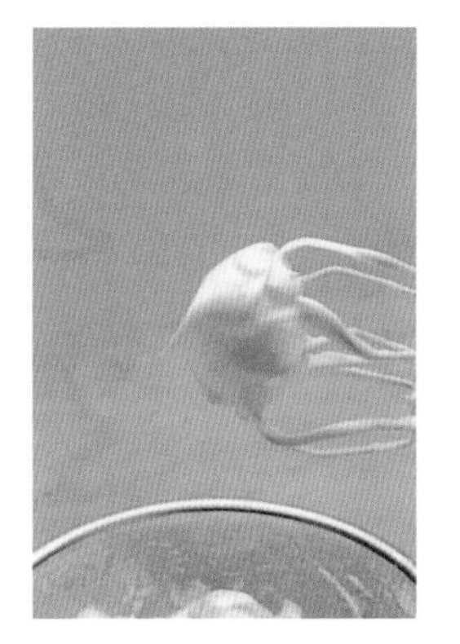

3 把做好的蛋白霜加入1中，用打蛋器快速搅拌均匀。

拌入面粉

4 将面粉筛入3中，从搅拌碗底部翻拌混合，允许残留少量干粉。

加入剩余的蛋白霜。如果感觉饼干糊有些稀，可以用打蛋器快速搅拌一下，要小心避免消泡。

将饼干糊挤到烤盘上，筛糖粉

5 在裱花袋中装入金属裱花嘴，盛入饼干糊。把烘焙纸铺在烤盘上，按照纸上画的线条，将饼干糊挤成条状。

6 用筛网将糖粉分两次筛在手指饼干坯上，筛第二遍时，要完全盖住第一遍筛上去的糖粉。这样，成品表面会非常漂亮。

把烤盘送入预热至160℃的烤箱中烤4～5分钟，然后把温度降至140℃～150℃，再烤25分钟左右，直至手指饼干上色，烤透(如果挤出来的饼干坯比较细，要相应缩短烘烤时间)。

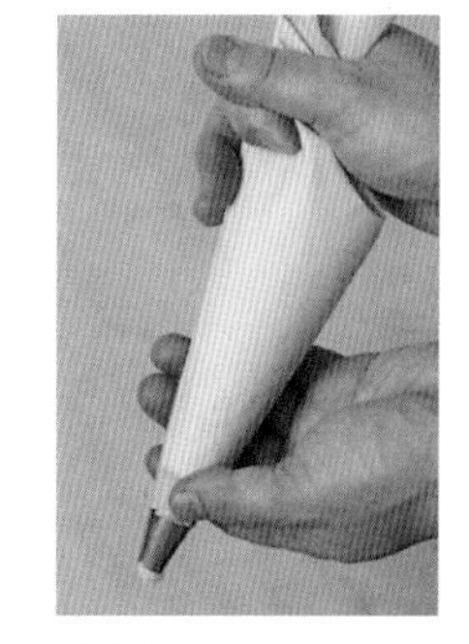

●运用裱花袋的手法。

如图所示，把饼干糊装入裱花袋中，拧紧裱花嘴，使饼干糊不至从裱花嘴与裱花袋之间挤出。用拇指和食指捏住裱花嘴上部，适当用力，挤出饼干糊。注意，如果裱花嘴没有拧紧，或捏住裱花嘴的中间部分，会用不上力，很容易使饼干糊从裱花袋与裱花嘴之间溢出。

海绵蛋糕的变化款

杏仁蛋糕

如果你想尽享杏仁的美味，可以按照本书介绍的方法，尝试一下这款杏仁蛋糕。说到杏仁蛋糕，大家就会想到复杂精细的制作过程，觉得是个很大的挑战。其实，只要加入杏仁含量高、味道香浓的杏仁膏，就能做出美味无比的杏仁蛋糕。

做杏仁蛋糕要用分蛋法。另外，最好选用装冰激凌的小纸杯或其他小号模具，如果选用大号模具，推荐大家用容易受热的中空环形蛋糕模。

原料（12 个直径 5 厘米的纸杯蛋糕，或 1 个直径 18 厘米的中空环形蛋糕）

杏仁膏　200 克
鸡蛋　2 个
蛋黄　1 个
盐　一小撮
砂糖　40 克
朗姆酒　2 大匙
低筋面粉　20 克
玉米淀粉　20 克
无盐黄油　80 克
蛋白　1 个
砂糖　20 克
核桃　100 克

＊请选用杏仁与砂糖比例为 2：1 的杏仁膏

◆准备

· 杏仁膏室温软化。
· 用溶化的黄油（另计）涂抹模具内壁，黄油冷却后，在模具内筛入少许高筋面粉（另计）。
· 将低筋面粉与玉米淀粉混合过筛。
· 黄油隔水溶化，保温备用。
· 将核桃切成小块，不要切太碎。
· 烤箱温度设定在 180℃。

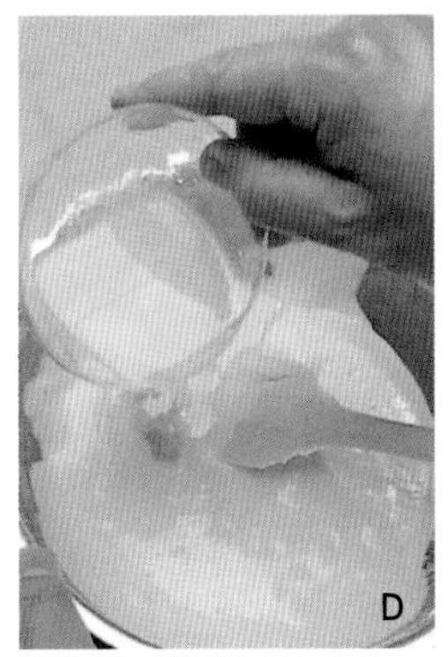

1 用手将杏仁膏揉软，放入搅拌碗中，分次、少量加入蛋液，用手感较硬的硅胶刮刀将蛋液与杏仁膏充分混合（如图 A）。要注意，不要一次加入全部蛋液，不然杏仁膏会变成小颗粒。

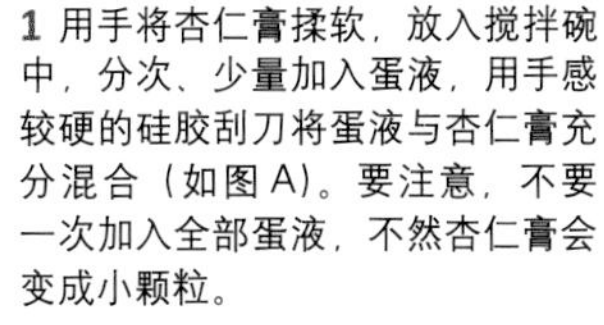

2 将蛋黄、少许盐和 40 克砂糖放入搅拌碗中，用电动打蛋机快速搅拌 3~4 分钟，然后加入朗姆酒继续搅拌（如图 B）。将 20 克砂糖分 3~4 次加入蛋白中，做成稳定的蛋白霜（参照第 26 页）。

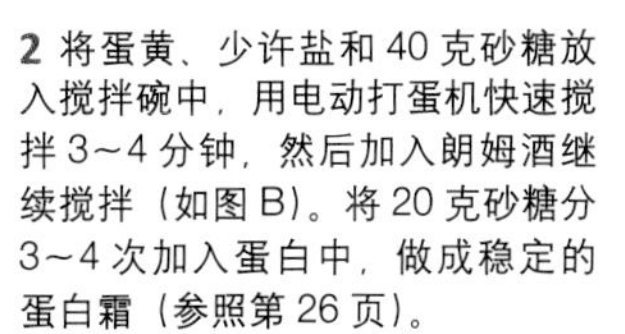

3 把面粉筛入 2 中，用刮刀搅拌均匀（如图 C）。

4 将温热的黄油倒入 3 中，搅拌混合（如图 D）。加入蛋白霜拌匀。

5 加入核桃碎，拌匀（如图 E）。

6 将蛋糕糊盛入准备好的模具中，表面喷少许水，放入预热至 180℃ 的烤箱中烤约 20 分钟（如图 F）。蛋糕表面的裂纹烤干后，就可以出炉了。

上 大理石黄油蛋糕→第 57 页
中 分蛋法磅蛋糕→第 52 页
下 干果黄油蛋糕→第 56 页

基础蛋糕糊 2

黄油蛋糕糊

黄油蛋糕是先将黄油打发至奶油状，然后加入砂糖、鸡蛋和面粉制作而成的。

●做黄油蛋糕时，第一个要点就是打发黄油。因此，首先要做的不是考虑用哪些原料，而是将黄油从冰箱中拿出来软化到位。

第二个要点是混合蛋液与黄油。乍一看似乎很简单，将蛋液倒入黄油中混合即可，也就是用全蛋法。实际上这样做两者极难混合均匀。因为黄油是油性的，而鸡蛋含水较多，直接混合会造成油水分离，难度可想而知。蛋液与黄油出现油水分离时，大家很可能想通过“加面粉”来解决。但是，一旦出现油水分离，蛋糕糊就很难达到最佳状态，蛋液中的水分会全部被面粉吸收，打发黄油也就失去了意义。

●我们也可以用分蛋法制作蛋糕糊，先将蛋白与蛋黄分开，然后分别加入黄油中。采用分蛋法需要先制作蛋白霜，比较费时，但可以解决蛋液与黄油无法融合的问题。蛋黄中富含天然乳化成分，很容易与黄油融合，再将蛋白霜与面粉依次与黄油混合均匀。这样做还可以使蛋糕的口感更加柔软。

●从制作方法和口感两方面看，做黄油蛋糕推荐用分蛋法。

变换做法

风格各异的4种磅蛋糕

磅蛋糕是指用黄油、砂糖、鸡蛋和面粉4种原料等比例混合制作而成的一种黄油蛋糕，每种原料用量为总量的1/4，因此法语中的磅蛋糕就叫“quatre-quarts”，意即4个1/4。

介绍做法之前，首先要说明一点，用相同的原料，只要改变一下操作方法，就能做出不一样的成品。请看一下第50～51页的4幅图。

这4款磅蛋糕配方相同，只是做法有一些差别。你能看出它们膨胀的高度和内部组织的不同吗？当然，它们的口感也有一些微妙的差异。

下面两款蛋糕是用做黄油蛋糕的方法做成的，要先将黄油打发成奶油状。左图采用的是分蛋法，右图采用的是全蛋法。

分蛋法

将蛋黄和蛋白（蛋白霜）分别加入打发至奶油状的黄油中，成品比全蛋法磅蛋糕更酥松。做法参照第52页。

全蛋法

将全蛋液一次加入打发至奶油状的黄油中，蛋糕更结实。做法参照第54页。

左图中的蛋糕采用了做全蛋海绵蛋糕的方法。
右图中的蛋糕则是将除黄油以外的其他原料全部搅拌均匀后加入打发成奶油状的黄油做成的，做法融入了一些变化（与第59页介绍的法式夏朗德烘饼做法相同）。
同样的配方、不同的做法，最后做出来的蛋糕口感和口味各有特色，这也是烘焙的乐趣所在！

全蛋海绵蛋糕混合搅拌法

用全蛋海绵蛋糕的做法做出的磅蛋糕，也可以说是黄油含量较多的海绵蛋糕。膨胀性非常好。做法参照第55页。

夏朗德风味磅蛋糕

采用第59页介绍的法式夏朗德烘饼的做法制成（将黄油以外的原料搅拌均匀后，再加入打发成奶油状的黄油）。蛋糕膨胀不明显，但有浓郁的黄油香。做法参照第55页。

基础黄油蛋糕

分蛋法磅蛋糕

●黄油难以软化怎么办？

最简单的方法是用微波炉加热，这会让黄油由内到外受热软化，要每隔 5 秒钟用刮刀切一下黄油，观察软化程度。

将黄油切成薄片放在碗中，常温下放置一段时间，然后用刮刀搅拌，可以加快黄油的软化速度。

●将黄油打发成奶油状要达到什么状态？

用打蛋器挑起黄油，附着在上面的黄油出现柔和的尖角便是最佳打发状态。要达到这样的效果，黄油的软化程度至关重要。制作黄油蛋糕时，要先从冰箱中取出冷藏的黄油，待黄油软化到位，再用打蛋器打发成奶油状。

黄油对温度非常敏感，要使其保持最佳状态，操作时一定要注意室温的影响。

●如何拌入面粉？

拌入面粉的方法与全蛋海绵蛋糕相同，加入面粉后用打蛋器搅拌均匀。磅蛋糕的蛋糕糊流动性更弱一些，即使用打蛋器翻起蛋糕糊然后翻转手腕倒置，打蛋器上的蛋糕糊也不会流下来。搅拌时，可以适当地在碗口磕一磕打蛋器，把上面附着的蛋糕糊磕回到搅拌碗中。如果不及时把打蛋器上的蛋糕糊与搅拌碗中的混合，最后很难完全搅拌均匀。

●如何判断蛋糕是否烤好了？

大家常把竹签插入蛋糕中确认是否烤好，与这种方法相比，最好还是通过观察蛋糕表面的裂痕来判断。如果蛋糕表面开裂处干燥定形，就说明蛋糕已经烤好了。

原料（一个 18×9 厘米的磅蛋糕）

无盐黄油　100 克
盐　一小撮
糖粉　100 克
鸡蛋　2 个（净重 100 克）
柠檬皮屑　要用 1/2 个柠檬
柠檬汁　1 大匙
朗姆酒　1 大匙
低筋面粉　100 克

◆准备

· 软化黄油。
· 准备模具（参照第 15 页）。
· 分开蛋白和蛋黄。
· 将糖粉平均分成两份。
· 烤箱温度设定在 160℃～170℃。

将黄油打发成奶油状

1 将软化的黄油放在搅拌碗中，加少许盐，用打蛋器搅拌，直至挑起打蛋器时，附着在上面的黄油能拉出柔和的尖角。取 50 克糖粉分 3 次加入，每次加入糖粉后都要充分打发，使黄油中裹入空气。

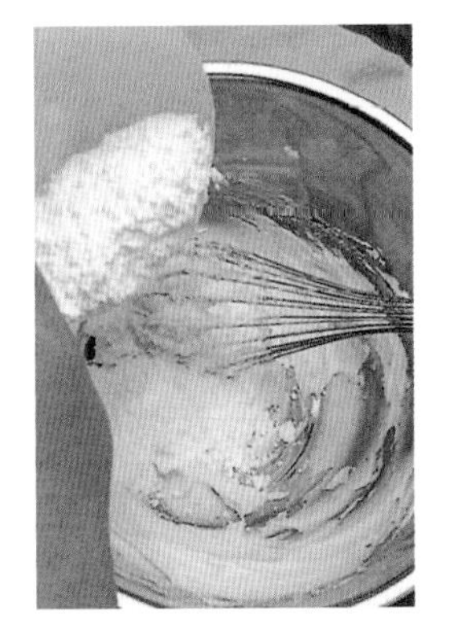

2 逐个加入蛋黄，搅拌均匀。然后加入柠檬皮屑、柠檬汁、朗姆酒，混合均匀。

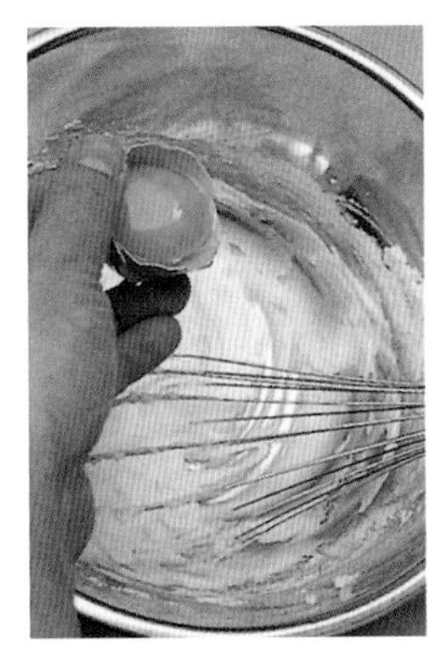

打发蛋白，制作蛋白霜

3 将蛋白倒入搅拌碗中，用电动打蛋机打出粗泡，取另外 50 克糖粉，加入 1/5～1/4，继续打发。提起打蛋器，蛋白霜能拉出尖角时，将剩余的糖粉分 3～4 次加入，同时大幅搅拌，充分打发，做成稳定的蛋白霜（参照第 26 页）。

把蛋白霜和面粉交替加入黄油中混合

4 取 1/3 打好的蛋白霜加入打发的黄油中，搅拌均匀。

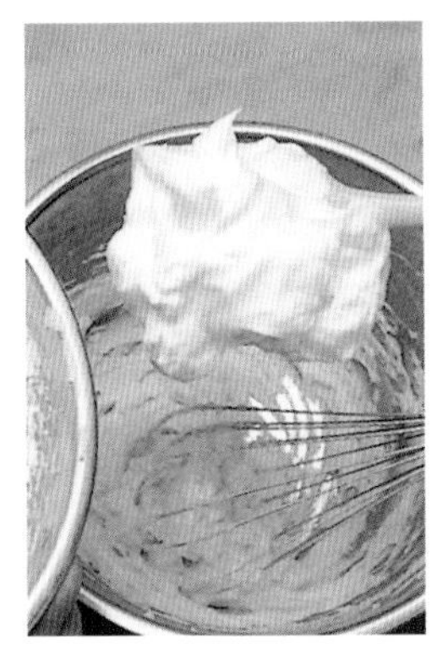

5 取 1/2 的面粉筛入搅拌碗中，用打蛋器翻拌，使面粉与其他原料充分混合。

6 再加入 1/3 的蛋白霜，用打蛋器翻拌。然后筛入剩余的面粉，搅拌均匀。

7 最后加入剩余的蛋白霜，用硅胶刮刀将残留在搅拌碗底部与侧壁上的蛋白霜刮入蛋糕糊中，混合均匀。

入模，烤制

8 将蛋糕糊倒入准备好的模具中，沿着中心线切一刀，表面喷少许水，放入预热至 160℃～170℃ 的烤箱中烤约 40 分钟。切痕烤干就完成了。让烤好的蛋糕连同模具一起从距离桌面大约 20 厘米的高度自由落下，震出热气，借助烤纸把蛋糕从模具中取出，放在冷却架上冷却。

全蛋法磅蛋糕

我们之前提到，采用全蛋法制作磅蛋糕容易出现油水分离，下面就介绍一下如何避免这个问题。

●为了避免油水分离，可以在加入蛋液前，在黄油中筛入少量面粉。这样，面粉可以吸收蛋液中的水分，使蛋液很容易与黄油混合均匀，不再出现油水分离。配方和烤制方法与第 52 页介绍的分蛋法磅蛋糕相同。

A

B

原料 与第 52 页的分蛋法磅蛋糕相同

◆准备

·软化黄油。

·准备模具（参照第 15 页）。

·烤箱温度设定在 160℃～170℃。

1 参照第 52 页分蛋法磅蛋糕做法第 1 步，在黄油中加少许盐，分 3 次加入糖粉，拌匀。然后加入 1 大匙低筋面粉，混合均匀（如图 A）。

2 把鸡蛋轻轻打散，将蛋液一匙一匙加入 1 中，每加入一匙蛋液后都要搅拌均匀（如图 B）。一定要在看不到前一次加入的蛋液后再加入下一匙。接着，加入柠檬皮屑，将柠檬汁和朗姆酒混合后分次加入，混合均匀。

3 取 1/3 的面粉筛入 2 中，用打蛋器充分搅拌，直至看不到干粉（如图 C）。

4 筛入剩余的面粉，换用硅胶刮刀搅拌均匀，直至看不到干粉（如图 D）。按照第 53 页做法第 8 步，将蛋糕糊倒入准备好的模具中，喷少许水，放入预热至 160℃～170℃ 的烤箱中烤制约 40 分钟。

＊用硅胶刮刀搅拌前，要将残留在打蛋器上的蛋糕糊刮入搅拌碗中。

C

D

全蛋海绵风味磅蛋糕

这是一款用制作全蛋海绵蛋糕（即杰诺瓦士蛋糕）的方法做的磅蛋糕。与全蛋海绵蛋糕相比，这款蛋糕黄油用量更大，可能你会担心黄油沉底。其实不必担心，相对于鸡蛋的用量，配料中砂糖和面粉的用量都比海绵蛋糕有所增加，只要用恰当的方法加入黄油，就不会出现下沉。●具体做法与全蛋海绵蛋糕相同，但不能将黄油一次加入，要用匙分次加入，每次两大匙。如果能够熟练掌握这款磅蛋糕的做法，就说明你已经成功地掌握了搅拌的技巧，也明白了充分搅拌的重要性。

做这款磅蛋糕的要领是充分打发全蛋液、加入面粉并混合均匀，然后把温热的黄油多次、少量加入到蛋糕糊中。

原料　与第 52 页的分蛋法磅蛋糕相同

◆准备

· 准备模具（参照第 15 页）。
· 烤箱预热至 160℃～170℃。

1 按照第 17 页杰诺瓦士蛋糕做法第 1～8 步制作蛋糕糊。在蛋液中加入糖粉和盐，隔水加热打发，混合柠檬皮屑、柠檬汁与朗姆酒，加入蛋液中，代替全蛋海绵蛋糕中加入的水。黄油隔热水溶化，保持温度。
2 分两次筛入面粉。在杰诺瓦士蛋糕配方中，鸡蛋的用量占比相当大，因此蛋糕糊比较黏稠。制作这款磅蛋糕时，同样要反复从搅拌碗底部翻拌蛋糕糊，使面粉与其他原料充分混合。
3 将黄油分次加入 2 中，每次 2 大匙，用打蛋器把蛋糕糊翻起，然后任其自由落回搅拌碗中，与黄油混合。
4 用硅胶刮刀将蛋糕糊搅拌均匀，倒入模具中，放入预热至 160℃～170℃的烤箱中烤制约 30 分钟。

夏朗德风味磅蛋糕

这款磅蛋糕采用了法式夏朗德烘饼的做法，详细步骤请参照第 59 页。加入黄油的方法有一些小变化。简单地说，就是将除黄油以外的所有原料——鸡蛋、砂糖、面粉混合均匀后，再加入打发至奶油状的黄油。配方还是 4 种原料同比例混合。用这种方法做出来的蛋糕与用其他方法做的没有太大差异，但能感受到浓醇的黄油风味，而且容易保存。

除黄油以外的原料混合均匀后，再加入打发至奶油状的黄油，做成蛋糕糊。

黄油蛋糕的变化款

干果黄油蛋糕

●这款蛋糕中除了干果外，还加了朗姆酒、柠檬汁等，而且用量相当大，口味丰富。蛋糕中加入一些杏仁粉可以增加湿润度，成品香气四溢，酥软可口。

为了避免用朗姆酒腌渍过的葡萄干下沉，加入干果之前一定要充分吸干表面的水分。这一点非常重要。

原料（直径17厘米、容积1200毫升的咕咕霍夫蛋糕模用量）

* 以下括号中的数字是指用18×9厘米的磅蛋糕模制作时的用量

无盐黄油 150克（100克）

盐 一小撮

糖粉 150克（100克）

鸡蛋 3个（2个）

杏仁粉 60克（40克）

柠檬皮屑 要用1个柠檬（2/3个柠檬）

柠檬汁 3大匙（2大匙）

朗姆酒 3大匙（2大匙）

低筋面粉 150克（100克）

用朗姆酒腌渍的葡萄干 220克（150克）

糖渍橙皮 70～90克（50～60克）

樱桃干 15粒（10粒）

* 干果要先吸去表面水分后再称量。

◆准备

· 软化黄油。

· 在模具内涂抹一层黄油（另计），放入冰箱冷藏一段时间，再筛入少许高筋面粉（另计）。

· 把蛋白和蛋黄分开，打入搅拌碗中。

· 糖粉平均分成两份。

· 杏仁粉过筛。

· 烤箱的温度设定在160℃～170℃。

1 把用朗姆酒腌渍过的葡萄干用干纱布裹好、拧干，挤出的汁水与准备好的朗姆酒混合。拭干糖渍橙皮表面的水分，切成细丝，樱桃干切成4瓣。混合所有干果（如图A）。

2 在软化的黄油中加入盐，搅拌均匀。取1/2的糖粉，分3次加入，混合均匀。然后加入蛋黄，打发成奶油状。

3 将杏仁粉筛入2中，加入柠檬皮屑、柠檬汁和朗姆酒，混合均匀。

4 另外1/2的糖粉分6~7次加入蛋白中，打发成稳定的蛋白霜（参照第26页）。

5 取1/3的蛋白霜加入3中，混合均匀，再筛入1/2的面粉，拌匀。

6 加入干果，与其他原料拌匀。

7 再取1/3的蛋白霜加入6中，搅拌均匀。依次加入剩余的面粉和蛋白霜，每加入一种原料后都要搅拌均匀。

* 拌入蛋白霜和面粉的方法请参照第53页分蛋法磅蛋糕做法第4～7步。

8 将蛋糕糊倒入准备好的模具中，喷少许水，放入预热至160℃～170℃的烤箱中烤制50~60分钟（如图B）。烤好后，让蛋糕连同模从离桌面大约20厘米的高度自由落下，震出热气，脱模后放在冷却架上冷却。

黄油蛋糕的变化款

大理石黄油蛋糕

●将配方中的面粉平均分为两份，其中一份中20%的面粉换成可可粉，制作出两种蛋糕糊。入模时，将两种蛋糕糊混合出大理石纹样，放入烤箱烘烤。用咕咕霍夫蛋糕模制作也能做出同样的效果。每次做出的大理石纹各具特色，乐趣多多。

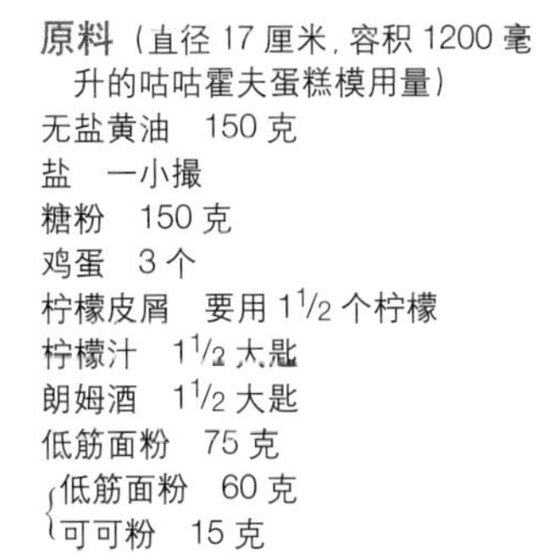

原料（直径17厘米，容积1200毫升的咕咕霍夫蛋糕模用量）

无盐黄油　150克

盐　一小撮

糖粉　150克

鸡蛋　3个

柠檬皮屑　要用$1\frac{1}{2}$个柠檬

柠檬汁　$1\frac{1}{2}$大匙

朗姆酒　$1\frac{1}{2}$大匙

低筋面粉　75克

{低筋面粉　60克
 可可粉　15克

◆准备

· 软化黄油。

· 在蛋糕模内涂抹黄油（另计），放入冰箱冷藏一段时间，再筛入少许高筋面粉（另计）。

· 把蛋白和蛋黄分开，打入搅拌碗中。

· 糖粉平均分成两份。

· 将60克低筋面粉与可可粉混合均匀、过筛。

· 烤箱的温度设定在160℃～170℃。

1 参照第53页分蛋法磅蛋糕做法第1～2步打发黄油，然后加入朗姆酒，平均分成两份。

2 将剩余的砂糖分6～7次加入蛋白中，制作蛋白霜（参照第26页），平均分成两份。

3 在每一份黄油中，交替加入蛋白霜和面粉并混合均匀。其中一份加入75克低筋面粉，另一份加入混合好的低筋面粉与可可粉，做出原味蛋糕糊和可可蛋糕糊。交替加入蛋白霜和面粉混合的方法可以参照第53页第4～7步。

4 将两种蛋糕糊交替盛入准备好的模具中，用筷子（或细竹签）混合，做出大理石花纹（如图A～B）。不要搅拌过度，纹理自然漂亮即可。

5 蛋糕糊表面喷少许水，放入预热至160℃～170℃的烤箱中烤45～55分钟。将蛋糕连同模具拿到离桌面20厘米的高度，让其自由落下，脱模后放在冷却架上冷却。

●如何自制糖渍橙皮？

这里介绍的是在日本的橙子贸易自由化之前由我已故的老师——宫川敏子发明的用伊予柑的果皮制作糖渍橙皮的方法。推荐大家选用有机栽培的橙子制作。

1 将伊予柑皮切成4份，用足量热水浸泡一下，然后煮沸。拭干果皮上的水分，装入瓶中。

2 将200毫升水与100克的砂糖放入锅中，熬煮成糖浆，趁热倒入瓶子中。糖浆要没过果皮，但不要让果皮浮起，冷却后放置一昼夜。

3 第二天，将瓶中的糖浆倒入锅中，加入100克砂糖，煮沸后倒回瓶中，像这样反复3～4次。第五天熬煮时，加入150克砂糖，提高糖浆浓度（最后做好的糖浆共用了200毫升水、550克砂糖）。

4 一周后，将糖浆和果皮一起倒入锅中煮沸杀菌，放入瓶中保存。

●如何让市售的樱桃干更美味？

市面上买的樱桃干如果不做加工处理，味道比较单一。可以把樱桃干放在瓶子中，倒入白兰地和樱桃酒浸渍一周再用。

●如何自制酒渍葡萄干？

黑色葡萄干和浅色无子葡萄干共1千克，用温水洗净后倒入锅中。慢慢注水，加入100克砂糖（葡萄干用量的1/10）和一个柠檬挤出的柠檬汁，大火煮开。煮干水分后，将葡萄干装入瓶中，慢慢注入朗姆酒，至少腌渍一周。在冰箱中冷藏可以保存3～4个月。

改变搅拌混合的方法

法式夏朗德烘饼

在介绍法国夏朗德地区美食的书中，常常可以看到这道用面粉、鸡蛋、糖、黄油、盐和香草精等制作的甜点。做夏朗德烘饼（galette charentaise）时，加入黄油的方法比较特别，成品口感湿润、自然。首先将蛋液和砂糖混合、打发，然后加入面粉搅拌均匀。做蛋糕时接下来的一步通常是加入溶化的黄油，但做这款烘饼则要加入打发成奶油状的黄油。蛋液、砂糖、面粉充分混合后，状态与奶油状的黄油相近，可以很好地融合在一起。

如果在制作过程中总是想，“按照磅蛋糕的做法操作即可”，就会不知不觉地做成第 51 页介绍的夏朗德风味磅蛋糕。

原料（一个直径 22～24 厘米的烘饼）

无盐黄油　120 克
鸡蛋　2 个
盐　一小撮
砂糖　120 克
橙皮屑　要用 1 个橙子
柠檬皮屑　要用 1 个柠檬
柠檬汁　1 大匙
橙花水　2～3 小匙
低筋面粉　200 克
装饰用细砂糖　适量

* 橙花水（orange flower water）是苦橙的新鲜花朵经过蒸馏处理、制作精油时产生的液体香料，具有甜美的花香、橙香。在法国和地中海地区国家，橙花水常用来制作甜点、鸡尾酒，还常添加到化妆品中。如果没有橙花水，可以用君度酒之类的利口酒代替。

◆准备

· 软化黄油。
· 在蛋糕模内抹一层黄油（另计），黄油冷却后筛入少许高筋面粉（另计），并在模具底部铺一张烤纸。
· 烤箱温度设定在 180℃。

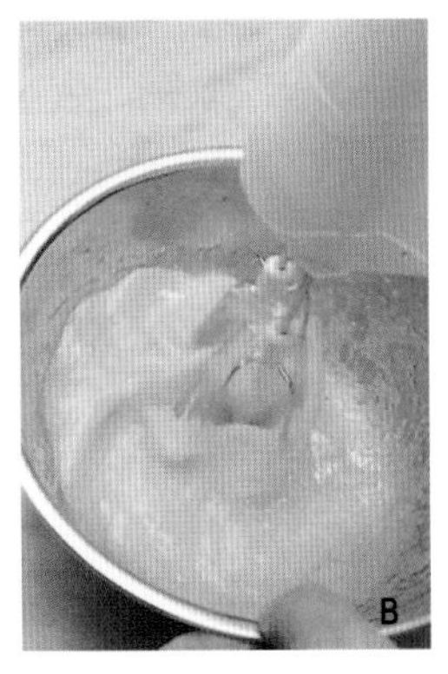

1 将软化的黄油倒入搅拌碗中，打成柔软的奶油状（图片 A）。
2 将鸡蛋、盐、砂糖放入搅拌碗中，用电动打蛋机充分打发（如图 B）。
3 在 2 中加入橙皮屑、柠檬皮屑、柠檬汁、橙花水，搅拌均匀。筛入面粉，用刮刀搅拌至看不到干粉且面糊稍有黏性（如图 C）。
4 将打成奶油状的黄油加入 3 中，搅拌均匀（如图 D）。
5 把蛋糕糊倒入准备好的模具中，抹平表面，撒上装饰用的细砂糖，放入预热至 180℃ 的烤箱中，烤大约 25 分钟（如图 E）。

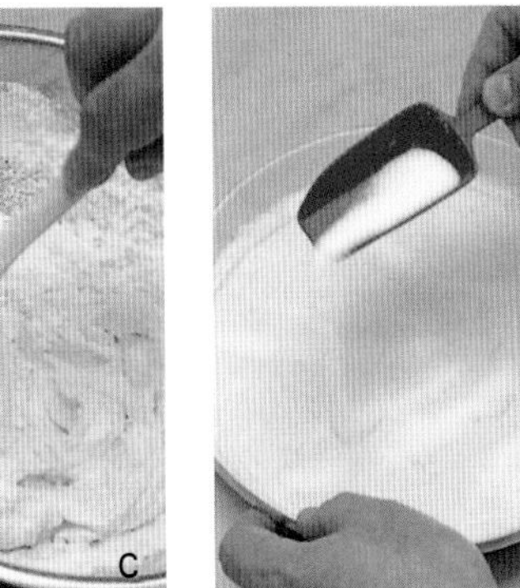

如何做出酥脆可口的挞皮？

➡ 第62页

如何做出应用范围最广的基础甜酥面团？➡ 第62页
为什么做不出层次分明的面团？➡ 第66页
折叠面团时为什么要饧面？➡ 第66页
怎样避免挞皮在烤制过程中收缩？➡ 第68页
挞皮变得又湿又黏怎么办？➡ 第69页
可可和杏仁味挞皮怎么做？➡ 第62页

从上到下依次是杏仁挞、甜杏挞、洋梨挞→第 71 页

基础甜酥面团

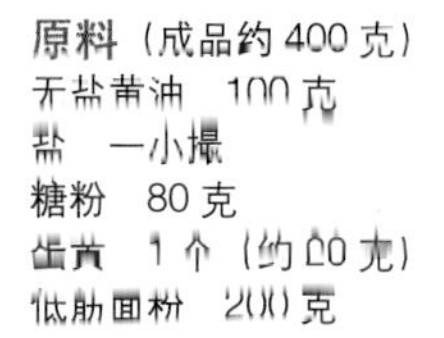
原料（成品约400克）
无盐黄油　100克
盐　一小撮
糖粉　80克
蛋黄　1个（约20克）
低筋面粉　200克

◆准备
· 软化黄油。

●基础甜酥面团（pate sucree）的应用范围非常广，一定要熟练掌握。用它制作的挞皮口感细腻，另外还可以用它做起酥蛋糕。
●基础甜酥面团做法并不复杂，最重要的是将原料混合均匀。正因为操作简单，所以制作时容易粗心大意，请大家一定认真做。如果做出来的面团不理想，制作挞皮时就会黏手，或者难以与模具紧密贴合。
●基础甜酥面团混合好后，要在冰箱中冷藏一段时间饧面。冷藏时间太短，烤出来的挞皮可能会碎裂，味道也不好。挞皮面团中水分较少，最好能冷藏一个晚上，让面团中的各种原料充分结合，所以要提前一天做好面团。
基础甜酥面团经过烘烤很少膨胀或回缩，烘烤时无需在挞皮上铺铝箔防止变形。

●可可和杏仁味挞皮怎么做？

基础甜酥面团可以做出很多种口味，乐趣多多。做可可味挞皮时，可以用30~40克可可粉代替等量的面粉。做杏仁味挞皮时，不能等量替换，要用170克面粉加50克杏仁粉，也可以根据自己的喜好加一些肉桂粉制作肉桂味挞皮。

●可以用其他食材替换配方中的原料吗？

用上白糖或者细砂糖代替糖粉，可以使挞皮口感更酥脆，而且不易碎裂。用全蛋代替蛋黄，烤好的成品酥脆爽口。

●如何做出酥脆可口的挞皮？

用砂糖还是糖粉、全蛋还是蛋黄对于成品的口感影响并不是最重要的，关键在于做法。将黄油、砂糖、蛋黄搅拌打发至奶油状后再加入面粉，面粉很难与其他原料充分融合，经过烘烤就会产生酥脆的口感。

黄油变软后，加入砂糖、蛋黄

1 将软化的黄油放入搅拌碗中，加少许盐，用打蛋器打发，直至挑起打蛋器，附着在上面的黄油能拉出柔和的尖角。

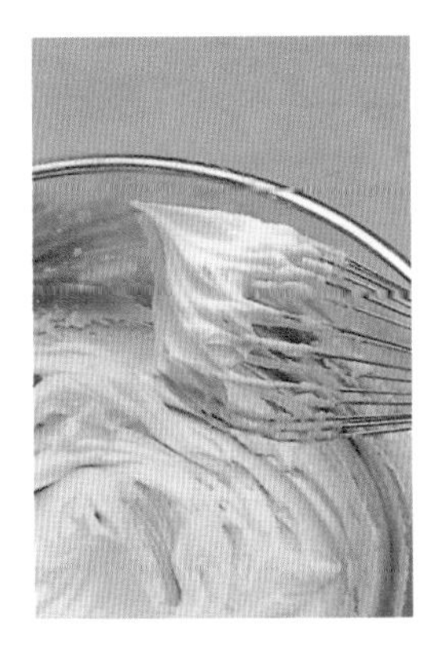

2 糖粉分 3 次加入 1 中，每次加入糖粉后都要搅拌均匀。

3 加入蛋黄，充分搅拌。

拌入面粉

4 筛入 1/3 的低筋面粉，用打蛋器用力搅拌，直至看不到干粉。

5 用打蛋器搅拌至面粉与其他原料充分混合。

6 筛入剩余的低筋面粉，这时用打蛋器不太容易搅拌，可以换用硅胶刮刀，搅拌至看不到干粉。最后用手把残留在打蛋器上的面糊刮到搅拌碗中。

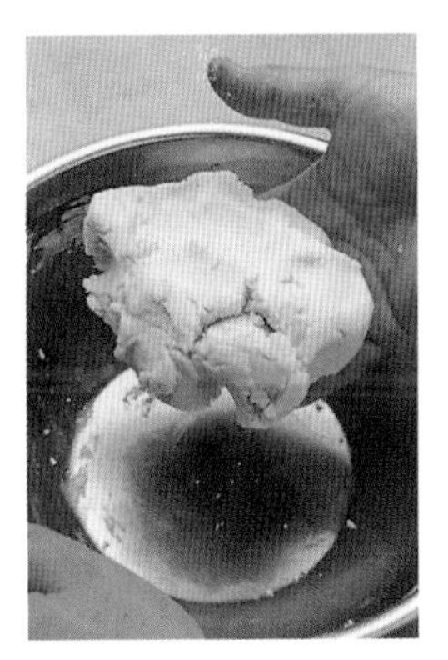

将原料揉成团，饧面

7 用手将所有原料揉成面团，面团应该湿润不黏手、软硬适度，把面团装入保鲜袋中。

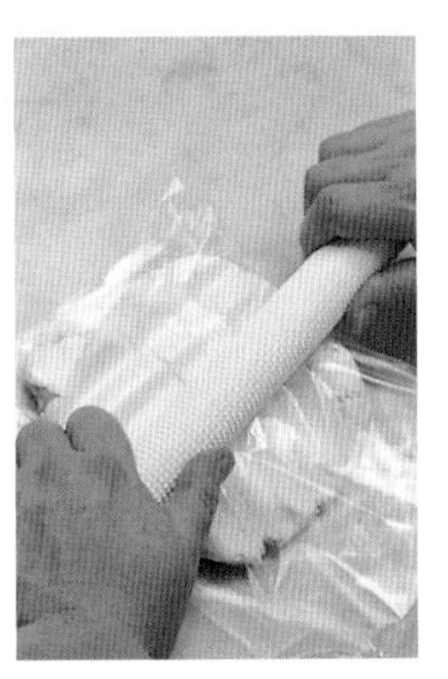

8 用擀面杖将面团擀平，放入冰箱中饧一晚。

基础咸酥面团

除了基础甜酥面团外，另一种常用面团就是基础咸酥面团（pate brisée）。用咸酥面团做出的挞皮比用甜酥面团做的挞皮口感更松脆，这是因为两种面团的配料和做法有所不同。

制作咸酥面团时，不用将所有原料混合，而是先把黄油打散成碎屑，再掺入面粉，做成鱼松状，然后加入液体原料。也就是说，黄油与面粉并没有完全融合在一起。

●在制作过程中，最重要一步的是混合面粉与打成碎屑的黄油，用手搓匀。

大家都知道，制作挞皮用的面粉和黄油要先冷藏，黄油要先切成小块，再放入面粉中。这里再介绍一种做法。

●首先将面粉冷藏一段时间，黄油不用冷藏。让黄油在室温下软化，搅拌柔滑，放入冷藏过的面粉中。这样，冷的面粉很快就会与黄油混合在一起，很容易做成鱼松状。可以用手操作，速度快，效率高。

●由于面粉具有一定的筋度，用这种方法做出的挞皮在烘烤时很容易收缩，因此，面团揉好后，至少要饧1小时。烤前要在挞皮上铺一层铝箔，防止挞皮在烘烤过程中收缩，这一步很有必要。

●甜酥面团与咸酥面团有什么区别？

咸酥面团中的糖分低于甜酥面团，适合需要控制糖分摄入量和不喜欢甜食的人。两种面团在制作过程中也会用到一些相同的操作方法。

原料（成品约450克）
低筋面粉　250克
砂糖　1大匙
盐　1/2小匙
无盐黄油　160克
鸡蛋　1个（净重45~50克）

◆准备
· 低筋面粉冷藏或冷冻一段时间，彻底冷却。操作时用的搅拌碗也要冷藏一下。
· 黄油常温下软化，切拌至软滑状态。

将软化的黄油放入冷藏过的面粉中

1 把充分冷却的低筋面粉倒入搅拌碗，加入砂糖、盐，用打蛋器混合均匀，然后加入软化的黄油。

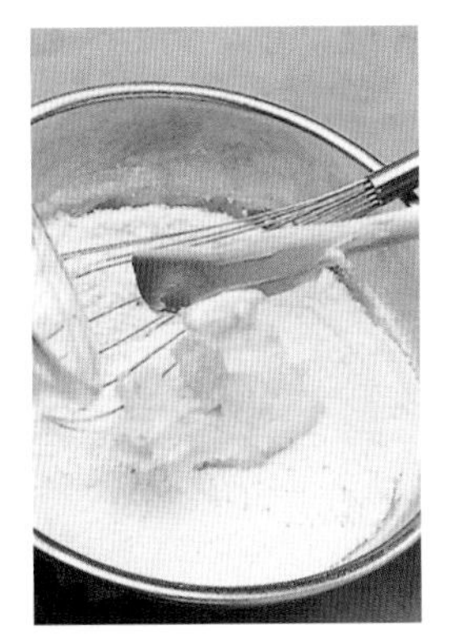

2 用打蛋器把表层的黄油打散成碎块，然后左右来回搅打，使黄油块变得更碎。

3 用手掌把黄油与面粉揉搓成碎屑状。手法一定要利落。黄油与面粉混合在一起，变得均匀、蓬松即可。

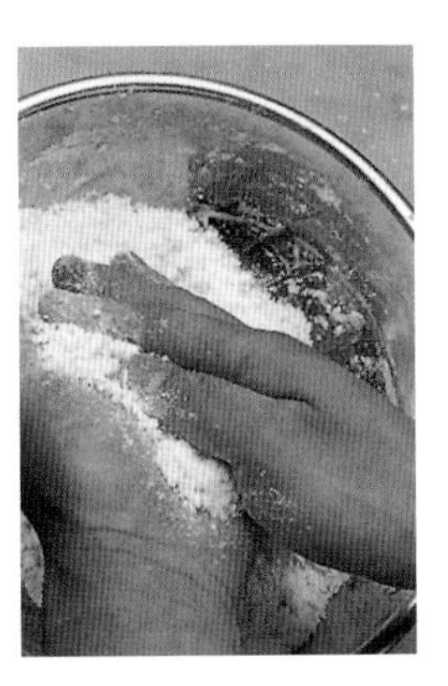

加入打散的蛋液

4 将打散的蛋液倒入3中。

5 用刮板大致拌匀。

揉成面团，饧面。

6 用手把所有原料揉成团。

7 将面团装入保鲜袋中，用擀面杖擀成片状，放入冰箱中冷藏一晚。

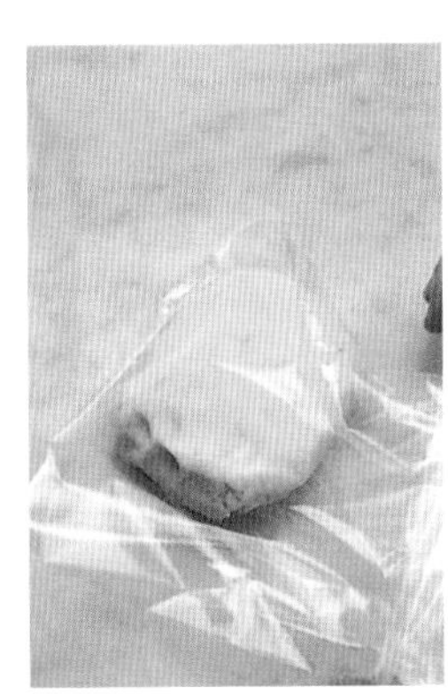

速成法式千层酥面团

原料（成品约 520 克）
高筋面粉　125 克
低筋面粉　125 克
无盐黄油　150 克
水　125 毫升
盐　1/2 小匙
做扑面用的高筋面粉　适量
* 上述原料可以做 3 块直径 20 厘米的千层酥挞皮，剩余原料可以冷藏保存，方便随时取用。

◆准备
· 将两种面粉混合均匀，备用。
· 用水将盐溶解。
· 把各种原料放入冰箱中冷藏一段时间。

拿破仑千层酥等传统的法式千层酥层次丰富、酥香可口。制作时，要用面团把黄油包起来，然后反复折叠，需要很长时间。

●下面介绍一种通过折叠派皮面团做千层酥面团（feuilletate）的快捷方法。

●先在面团中放入切成小块的黄油，然后反复揉面团，让黄油成网膜状自然分布在面团中。

虽然是速成，但也要花一些时间，不过能做出口感独特、散发浓郁黄油香的千层酥皮，花些功夫也是值得的。先把面团擀成薄片，然后卷起来，或者折叠起来。只要学会合理安排和利用时间，也可以利用做家务的空当来做。

千层酥面团容易变质，要在 3 天内吃完，注意冷藏保存。

●为什么要加 1/2 的高筋面粉呢？

只用低筋面粉面团筋度太低，难以和黄油混合形成网膜状，也可以全部用中筋面粉。

●为什么做不出层次分明的面团？

如果黄油过软，与面粉充分融合为一体，就会出现这种情况，所以要确保面粉、黄油、水都冷却到位。

●折叠面团时为什么要饧面？

在擀制和折叠面团的过程中，面筋会收紧，面团不容易擀开。另外，黄油过软也会大大增加操作难度。如果勉强操作，只会破坏面团组织，必须让面团饧一下，松弛一会儿，降低面筋的收缩性，以便于擀制、折叠。为了防止面团变干，饧面时要用保鲜膜包好，再放入冰箱冷藏，同时记好折叠面团的次数。

混合面粉与黄油

1 把冷却好的面粉倒入搅拌碗中，黄油切成 5 毫米厚的片加入其中。用刮板把黄油片切成约 1 厘米见方的小块。

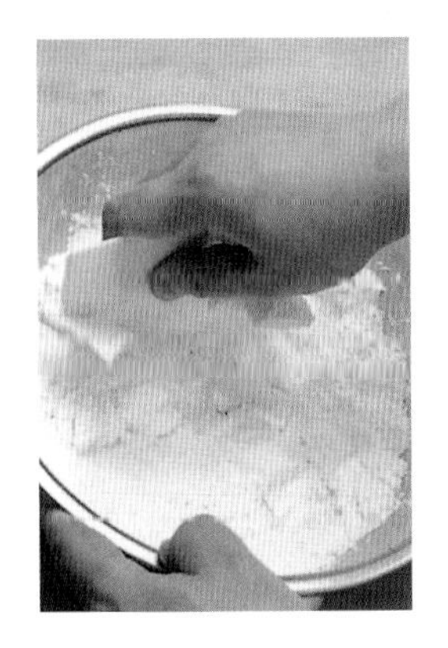

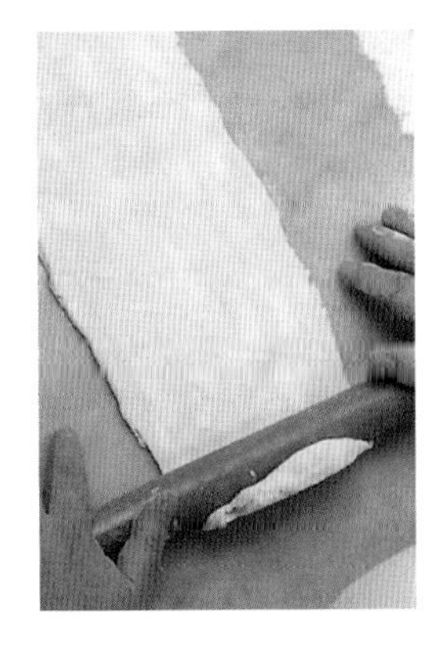

5 用擀面杖轻轻将面团擀开，面团会自然伸展。

加水

2 将盐水均匀地倒入搅拌碗中。

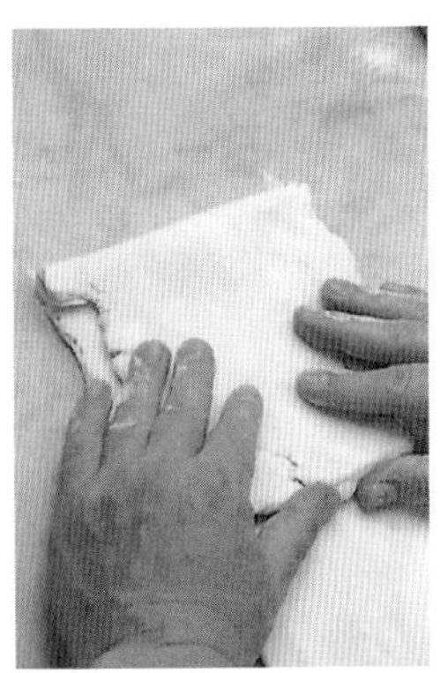

6 把面片擀至 40 厘米长，然后折成 3 层。

混合面团，饧面

3 先用刮板搅拌，然后用手指抓揉，直至看不到干粉。把揉好的面团装入保鲜袋，用擀面杖擀成薄片，放入冰箱中饧一晚。

＊面团中可以看到分布其间的黄油就达到了理想状态。这时面团看上去可能有些干，饧一晚就很容易操作了。

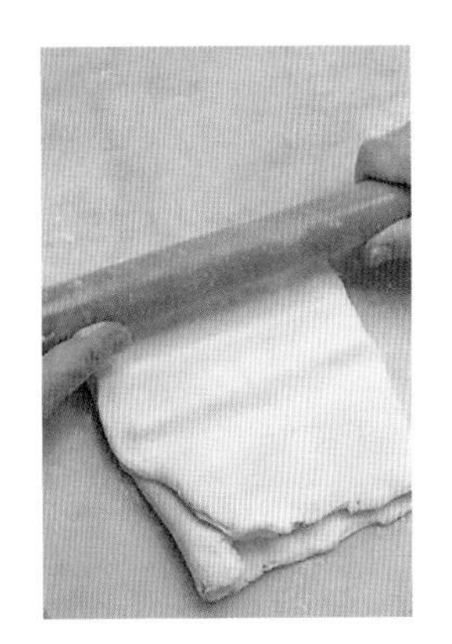

7 把对折后的面片旋转 90 度，左右分别向内折叠，用擀面杖重新擀到 40 厘米长，再折成 3 层。在这个过程中，一定要在面片两面撒些高筋面粉，并刷去多余的面粉。

第二天，擀制、折叠面团

4 第二天，取出面团，放在案板上，两面撒少许高筋面粉抹匀，用刷子刷去多余的面粉。

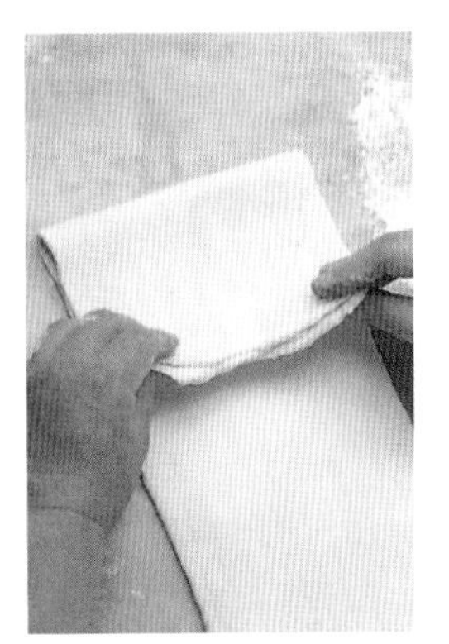

8 这样反复操作 5 次，如果面片很难擀开或者黄油过软无法操作，可以放回冰箱冷却、饧一会儿，再继续折叠。饧面时，要记好折叠次数。完成上述步骤的面团就可以切分了。

做挞皮之前的准备工作

动手前要根据选用的面团做准备

1. 准备模具

●基础甜酥面团与基础咸酥面团
用这两种面团做挞皮前，要先在模具中抹一层软化的黄油（另计），在冰箱中冷却藏一段时间，再筛少许高筋面粉（另计）。
●法式千层酥面团
千层酥挞皮比较容易与模具分离，为了让挞皮与模具贴在一起，要抹薄薄一层黄油。不用撒面粉。

2. 将挞皮铺在模具中，饧一段时间

将挞皮铺入模具中有多种方法。
●为了防止挞皮在烘烤过程中收缩，需要让挞皮饧一段时间。不同的挞皮饧的方式也不同，要注意下文标“*”的内容。
配方中的原料用量略有富余。剩余的面团可以在冰箱中冷冻，下次使用。
●基础甜酥面团
由于面粉筋度低，擀好的挞皮很容易碎裂，不易移动。可以把保鲜袋裁开，隔着保鲜袋擀挞皮。这样，入模时就可以轻松移动挞皮了。要用厚实的保鲜袋。
* 基础甜酥面团稳定性强，烘烤时不易收缩。铺入模具时，要在挞皮上扎几个气孔，放入冰箱饧 20～30 分钟再烤。
●基础咸酥面团
做咸挞皮的咸酥面团比较黏，要先撒少许扑面再擀。入模时可以用擀面杖将挞皮卷起来移动。用做扑面的高筋面粉筋度较高，一定要分散撒匀。
* 咸挞皮在烘烤过程中容易收缩，铺入模具后要扎出一些气孔，至少饧 1 小时再烤。
●法式千层酥面团
撒好扑面，尽量将面团擀到最大，用擀面杖卷起来铺在模具上，把露在模具外的部分向内折，收入模具中。这时，如果挞皮拉得过紧，烘烤时很容易收缩，一定要注意。和做甜挞皮一样，入模时要让挞皮四周比底部厚一点。
* 铺入模具后，不要立刻切下多余的部分，饧 2～3 个小时之后再切，并用叉子在底部留一些气孔。烘烤过程中，这款挞皮比咸挞皮更容易收缩，因此饧面的时间要延长一些。

用小型模具做挞皮

1 擀好的面皮要比模具大一些（可以根据模具的深度调整），将面皮铺入模具中，用竹签扎 2~3 个孔（如图 A）。

2 用手指把面皮边缘立起来，然后旋转模具，小心地将面皮从模具中取出（如图 B）。有了气孔，操作起来很容易。在案板上震一下模具，即可取出。

3 先用手指将面皮紧紧按在模具底部，然后按压侧面，使面皮与模具贴合紧密（如图 C）。最后，用竹签重新在面皮上扎出气孔。

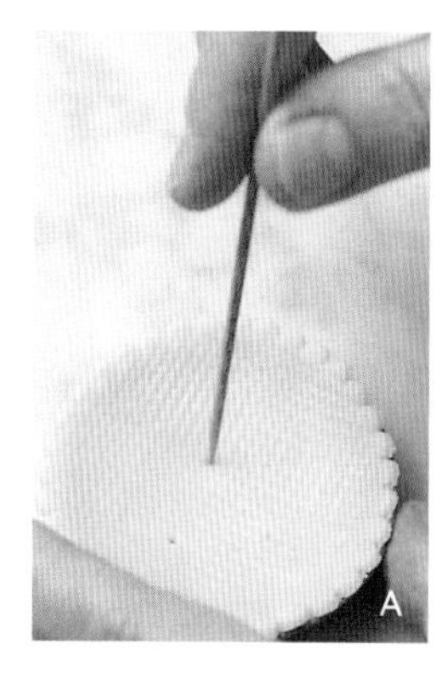
A

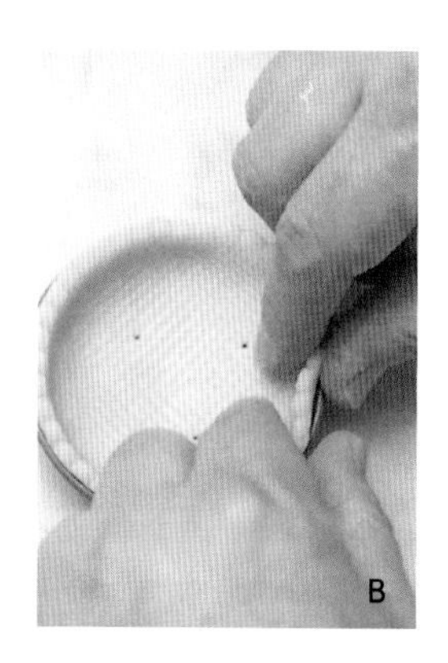
B

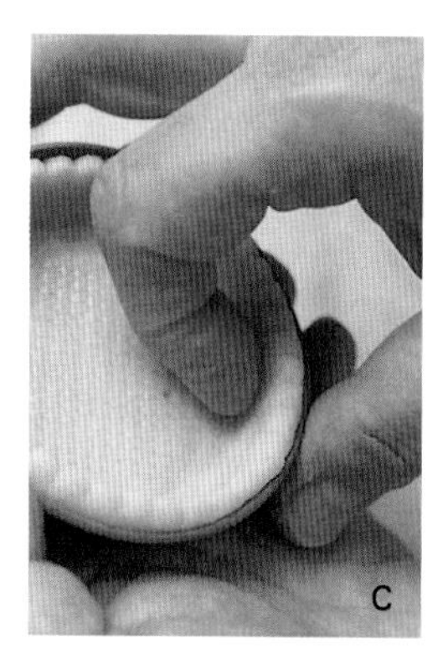
C

不同的烘烤方法

配方不同，挞皮的烘烤方法也不一样。不是所有挞皮烘烤时都要压重物以防膨胀变形。烘烤程度也要根据配方调整，有的要完全烤熟，有的要烤至上色，有的只需烤至半熟。

●甜挞皮

烘烤过程中不易收缩，无需压重物。放入预热至180℃的烤箱中烘烤即可。

●咸挞皮

根据模具的尺寸准备一张铝箔，上面涂上薄薄一层黄油，撒扑面，然后把涂了黄油的一面覆盖在冷藏过的挞皮上，使两者紧密贴合，铝箔要包裹住模具。放入预热至200℃的烤箱中烘烤，出炉后，小心取下铝箔。

●法式千层酥挞皮

千层酥挞皮很容易在烘烤过程中收缩、变厚，不容易填充奶油等馅料，烘烤时必须覆盖铝箔。把冷藏过的挞皮铺入模具中，像做咸挞皮那样盖一层铝箔，然后在铝箔上撒一些米或豆类增加压力，放入预热至200℃的烤箱中烘烤。

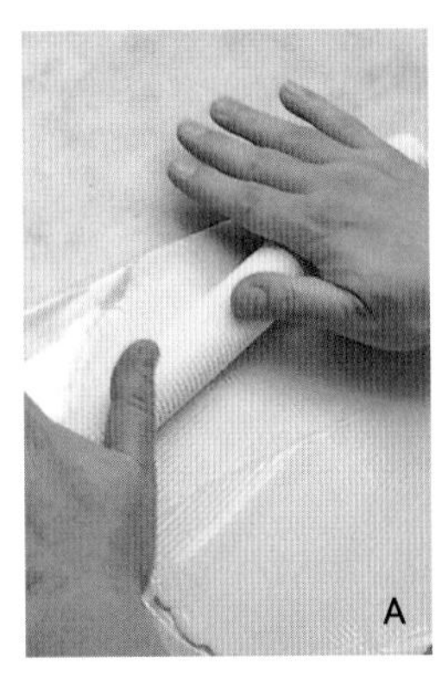

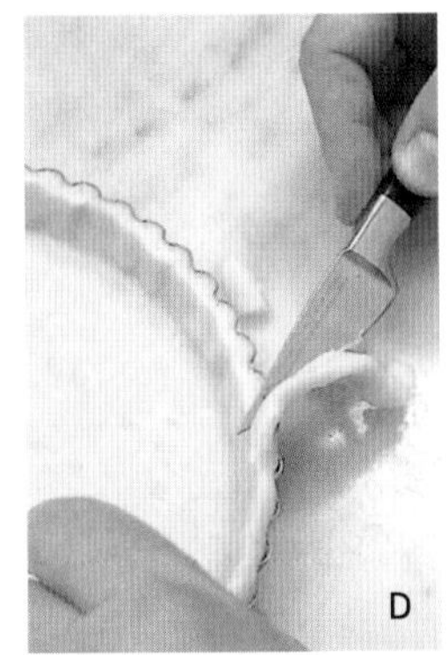

最上方的是甜挞皮，烘烤时无需覆盖铝箔（图中为半熟状态）。中间的是咸挞皮，烘烤时要盖一层铝箔。最下方的是法式千层酥挞皮，先在挞皮上覆盖一层铝箔，再撒一些米或豆类增加压力。

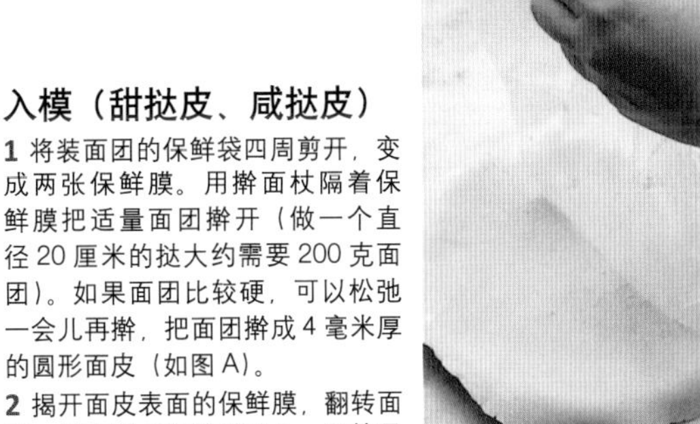

入模（甜挞皮、咸挞皮）

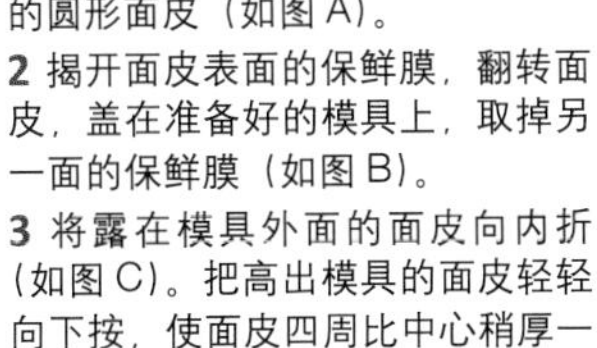

1 将装面团的保鲜袋四周剪开，变成两张保鲜膜。用擀面杖隔着保鲜膜把适量面团擀开（做一个直径20厘米的挞大约需要200克面团）。如果面团比较硬，可以松弛一会儿再擀，把面团擀成4毫米厚的圆形面皮（如图A）。

2 揭开面皮表面的保鲜膜，翻转面皮，盖在准备好的模具上，取掉另一面的保鲜膜（如图B）。

3 将露在模具外面的面皮向内折（如图C）。把高出模具的面皮轻轻向下按，使面皮四周比中心稍厚一些。

4 用小刀切下高出模具边缘的面皮（如图D）。小刀刀刃朝外，沿着模具边缘旋转一周即可。用手指整理一下切得不平整的地方。

5 用叉子在面皮底部均匀地扎一些气孔，放入冰箱中冷藏（如图E）。甜挞皮要饧20～30分钟，咸挞皮要饧1小时。

●挞皮变得又湿又黏怎么办？

如果要填入湿润的液态馅料，可以在挞皮烤好后，趁热刷薄薄一层蛋液（蛋白也可以），再放回烤箱中略烤片刻。这样，蛋液干燥后会形成一层薄膜，挞皮就不容易受潮变黏了。根据配方，有时也可以用果酱代替蛋液。

挞的最佳搭档
杏仁奶油

下面介绍一下适合与挞搭配的最常用的杏仁奶油。
我们的基本配方中添加了少量面粉，这样成品口感更松软，不加面粉口感比较黏。大家可以根据自己的喜好选择是否加面粉。杏仁粉不要选择添加其他成分的，用纯杏仁粉即可。

原料（成品 420～450 克）
无盐黄油　100 克
糖粉　100 克
低筋面粉（依个人喜好而定）
　20～30 克
鸡蛋　2 个（净重 100 克）
杏仁粉　100 克
柠檬皮屑　少许
柠檬汁　1～2 大匙
朗姆酒（或阿摩拉多[1]利口酒）
　1～2 大匙
杏仁香精　少许

◆准备
· 软化黄油。
· 杏仁粉过筛。

① Amaretto，原产意大利，有浓厚的杏仁味，用柳橙汁和苏打水调淡后，就是一种口感极佳的鸡尾酒。

1 将软化的黄油倒入搅拌碗中，用打蛋器打发，分 3 次加入糖粉，搅拌均匀。分次筛入面粉，拌匀。

2 分次加入打好的蛋液，搅拌均匀。加入面粉后，就不必担心蛋液与黄油油水分离了。如果选用的配方中没有面粉，要在加入蛋液前先加少量杏仁粉。

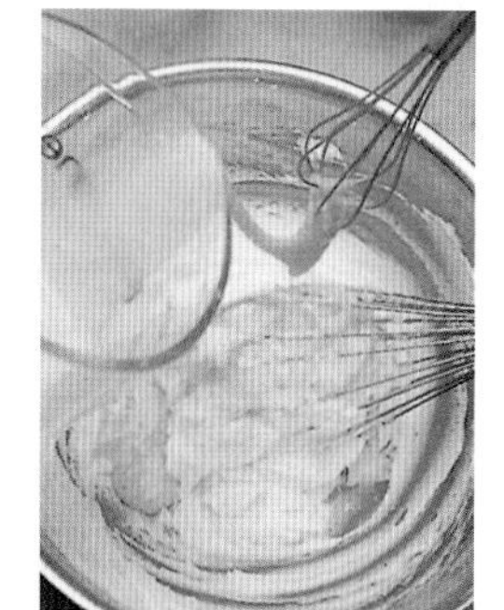

3 将杏仁粉加入 2 中，混合，然后加入柠檬皮、柠檬汁、朗姆酒、杏仁香精，搅拌均匀。注意杏仁香精不要过量。

4 图中就是做好的杏仁奶油。
* 可冷藏保存 3～4 天。使用前室内回温，充分搅拌，让奶油卷入大量空气，变得蓬松柔软。

用杏仁奶油做的 3 种挞

做好挞皮和杏仁奶油，就可以开始下一步了。下面介绍3种美味诱人的挞。做这3种挞时，从烤挞皮到涂抹果酱的步骤、方法完全相同。可以选择自己喜欢的水果，用甜挞皮或咸挞皮都可以。

洋梨挞

原料（成品直径20厘米）
基础甜酥面团（或基础咸酥面团）
　约200克
杏果酱　20～30克
杏仁奶油　约300克
洋梨（可以用罐头）　约200克

参照杏仁挞做法，把挞皮烤至半熟，涂一层杏果酱，挤入1/2的杏仁奶油。将洋梨纵向切成薄片，呈放射状排放在杏仁奶油中。把剩余的奶油挤在洋梨上，放入预热至180℃的烤箱中烤约30分钟（如图所示）。烤好后，根据自己的喜好撒一层糖粉，趁热享用。

杏仁挞

原料（成品直径20厘米）
基础甜酥面团（或基础咸酥面团）
　约200克
杏果酱　约70克
杏仁奶油　基础用量
杏仁片　40～50克

◆准备

· 参照第68页准备模具，把基础甜酥面团擀开，铺入模具中，饧面约30分钟（用咸酥面团需饧1小时以上）。
· 烤箱温度设定在180℃。

1 将饧好的挞皮放入180℃的烤箱中烤至半熟，颜色微黄（咸挞皮烤制前要包一层铝箔）。烤好后，趁热在挞皮上抹20～30克杏果酱。
2 将杏仁奶油装入裱花嘴直径为1厘米的裱花袋中，转圈挤在挞皮上，将挞皮填满（如图A）。
3 在奶油上撒一层杏仁片，放入预热至180℃的烤箱中烤约30分钟（如图B）。
4 烤好后趁热将剩余的杏果酱涂在表面即可。

B

A

甜杏挞

原料（成品直径20厘米）
基础甜酥面团（或基础咸酥面团）
　约200克
杏果酱　20～30克
杏仁奶油　约300克
甜杏罐头（新鲜杏也可以）　约300克
糖粉　适量

参照杏仁挞做法，将挞皮烤至半熟后涂上果酱，挤入杏仁奶油。将适量甜杏切块铺在挞皮上，筛一层糖粉，放入预热至180℃的烤箱中烤约30分钟（如图所示）。如果用新鲜杏，成品酸味会重一点，要多撒些糖粉。

苹果挞

用黄油把苹果块炒至茶色，然后加入黄蔗糖，炒成焦糖，让味道更香浓，填入挞皮中。苹果含有果酸，建议炒苹果时用有氟素树脂涂层的平底锅。

原料（成品直径 20 厘米）
基础咸酥面团　约 200 克
馅料

A
- 无盐黄油　40 克
- 红玉苹果（净重）　400 克
- 黄蔗糖　40 克

B
- 牛奶　50 毫升
- 香草荚　1/3 根
- 鲜奶油　50 毫升
- 黄蔗糖　30 克
- 低筋面粉　10 克
- 鸡蛋　1 个（大个儿的）
- 法国苹果白兰地（也可以用普通白兰地）　1 大匙

装饰用黄蔗糖　适量
* 黄蔗糖也可以用粗红糖代替。

◆准备
· 参照第 68 页准备模具，把基础咸酥面团擀开，铺在模具中，饧 1 小时以上。
· 红玉苹果纵向切成 8 块，削皮去核，切成 3～4 毫米厚的银杏叶状。
· 香草荚纵向剖开，取出香草子。
· 烤箱温度设定在 200℃。

把挞皮烤至半熟

1 用铝箔把挞皮包起来，放入预热至 200℃的烤箱中，烤至微微变色。将配料 B 中的鸡蛋打散，趁热刷在挞皮上。然后放回烤箱中略烤干（参照第 69 页）。剩余的蛋液备用。

制作馅料，烘烤

2 炒苹果。加热平底锅，溶化黄油，倒入苹果块（如图 A）。用中火翻炒，不要让苹果中的水分蒸发过多，炒一会儿后将火慢慢调小，直到苹果炒成泥状，变为均匀的茶色。

3 加入 A 中的黄蔗糖搅拌，制作焦糖苹果泥（将黄蔗糖炒至焦化，做成焦糖），离火（如图 B）。

4 将牛奶倒入小锅中，放入香草荚和香草子，加热至快要沸腾时关火，捞出香草荚。加入鲜奶油，搅拌均匀备用。

5 将黄蔗糖与低筋面粉倒入搅拌碗中混合均匀，加入剩余的蛋液，搅拌至看不到干粉。加入 4 中做好的香草牛奶和法国苹果白兰地，拌匀。

6 将 3 中的苹果泥加入 5 中，搅拌均匀后倒在挞皮上，放入预热至 180℃的烤箱中烤 30 分钟左右（如图 C～D）。

7 出炉后趁热在苹果挞表面撒一层黄蔗糖，稍稍晾一下，用刷子将糖刷匀，用喷枪把表面的糖烤焦（如图 E）。如果没有喷枪，可以在挞皮下垫两个烤盘，放入预热至 250℃的烤箱中烤一下，让表面的糖焦化即可。

A

D

B

E

C

栗子挞

用黄油把生栗子炒香，然后与鲜奶油混合，倒入挞皮中一起烘烤，美味的栗子挞就做好了。可以选用风味朴素的黄蔗糖，也可以用法国产的粗红糖。

原料（成品直径 20 厘米）

基础甜挞皮（或咸挞皮） 约 200 克

蛋白 少许

馅料

A
- 无盐黄油 20 克
- 去皮栗子 200 克
- 黄蔗糖 50 克
- 鲜奶油 150 毫升
- 香草荚 1/3 根

B
- 黄蔗糖 10 克
- 玉米淀粉 10 克
- 蛋黄 2 个
- 朗姆酒 1 大匙

装饰用黄蔗糖 适量

◆准备

· 参照第 68 页准备模具，把基础甜酥面团擀开，铺在模具中，饧 30 分钟（如果用咸酥面团，要饧 1 小时以上）。

· 将栗子切成 2 瓣或 4 瓣。

· 香草荚纵向剖开，取出香草子。

· 烤箱温度设定在 180℃。

将挞皮烤至半热

1 将饧好的挞皮放入预热至 180℃ 的烤箱中烤至微微变色（咸挞皮要先包一层铝箔再烤）。烤好后趁热在挞皮上刷一层打散的蛋白，然后放入烤箱中略烤片刻。

制作馅料，烘烤

2 加热平底锅，溶化黄油，加入栗子翻炒，直至栗子变色。加入配料 A 中的黄蔗糖，焦化上色后就可以关火了（如图 A）。

3 将鲜奶油、香草荚和香草子放入小锅中煮沸，然后倒入 2 中搅拌均匀（如图 B）。

4 混合配料 B 中的黄蔗糖与玉米淀粉，加入蛋黄、朗姆酒搅拌。加入少量 3 中的鲜奶油，混合均匀后一起倒回平底锅中拌匀（如图 C~D）。

5 将 4 倒在挞皮中，筛一层黄蔗糖，放入预热至 180℃ 的烤箱中烤 25~30 分钟（如图 E）。

无花果西梅迷你挞

干果的浓郁果香搭配撒在表面的酥脆香甜的油酥粒，让这款迷你挞格外诱人。做这款迷你挞最好用口感清淡的杏仁奶油，也可以用普通杏仁奶油。

原料（14 个直径 7.5 厘米的挞）
基础甜酥面团　约 400 克（基本用量）
无花果干　100 克
西梅干　100 克
朗姆酒　适量
油酥粒
- 无盐黄油　30 克
- 糖粉　30 克
- 蛋白　10 克
- 肉桂粉　少许
- 杏仁粉、低筋面粉　各 50 克

杏仁奶油
- 杏仁粉　100 克
- 糖粉　100 克
- 低筋面粉　20 克
- 鸡蛋　2 个
- 鲜奶油　100 毫升
- 朗姆酒　适量

◆准备
· 在模具上刷一层薄薄的黄油（另计），黄油冷却后筛少许高筋面粉（另计）。
· 将基础甜酥面团擀成 3 毫米厚，要比模具稍大一些，铺入模具中（参照第 68 页）。
· 黄油软化备用。
· 将无花果干和西梅干切成 3～4 小块，用朗姆酒浸泡。
· 烤箱温度设定在 180℃。

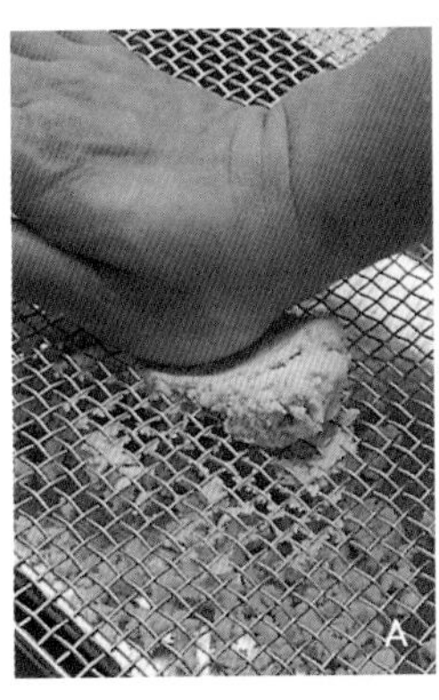
A

B

C

制作油酥粒
1 将软化的黄油倒入搅拌碗中，按照配方依次加入糖粉等配料，搅拌均匀后揉成小团放入冰箱中冷藏，直至冷却变硬。
2 在搪瓷盆上架一张铁丝网，将油酥面团放在铁丝网上碾压，做成肉松状（如图 A）。为了避免油酥粒变软发黏，使用前要放入冰箱冷藏保存。

入模，烘烤
3 制作杏仁奶油。将杏仁粉、糖粉、低筋面粉放入搅拌碗中，用打蛋器拌匀。依次加入打好的蛋液、鲜奶油、朗姆酒，搅拌均匀，然后倒入做好的挞皮中。
4 将无花果干和西梅干摆在迷你挞中，并将做好的油酥粒满满地撒在表面。放入预热至 180℃ 的烤箱中烤约 25 分钟（如图 B～C）。

黑乳酪挞

你品尝过用略带酸味的羊乳酪做的黑乳酪挞（tourteau fromage，直译为烤焦乳酪蛋糕）吗？在法国的拉罗歇尔，人们经常吃这种并不太量生产的甜点，山羊乳酪味道单纯又特别。按照传统做法制作的黑乳酪挞比图片中的颜色还要黑一些，其中加入了带有酸味的山羊乳酪（新鲜乳酪），香味十分浓郁。如果买不到山羊乳酪，也可以用牛乳酪。我做这种乳酪挞时，常常用铝制搅拌碗代替做乳酪挞专用的模具。当然，也可以用深而圆的模具或者活底挞盘。

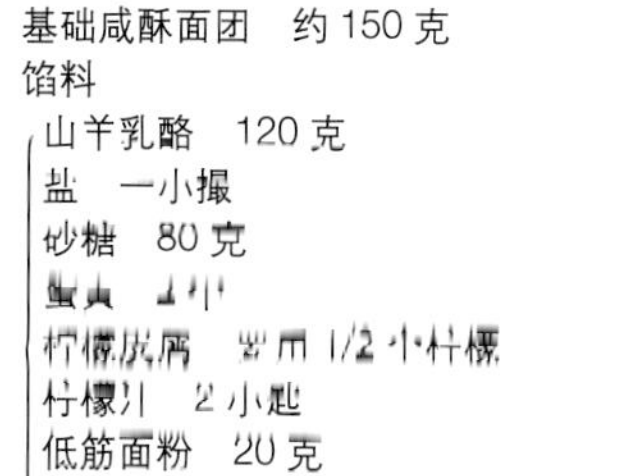

原料（1 个直径 15 厘米的乳酪挞）

基础咸酥面团　约 150 克

馅料

- 山羊乳酪　120 克
- 盐　一小撮
- 砂糖　80 克
- 蛋黄　2 个
- 柠檬皮屑　需用 1/2 小柠檬
- 柠檬汁　2 小匙
- 低筋面粉　20 克
- 玉米淀粉　20 克
- 蛋白　2 个

◆准备

· 把挞皮铺入搅拌碗中（如图 A）。搅拌碗比较深，所以要用刮板将挞皮切掉一部分，低于搅拌碗边约 1 厘米。然后用叉子在底部扎一些气孔，放入冰箱中饧 1 小时以上。

· 砂糖平均分成两份。

· 低筋面粉与玉米淀粉混合均匀、过筛。

· 烤箱温度设定在 230℃～250℃。

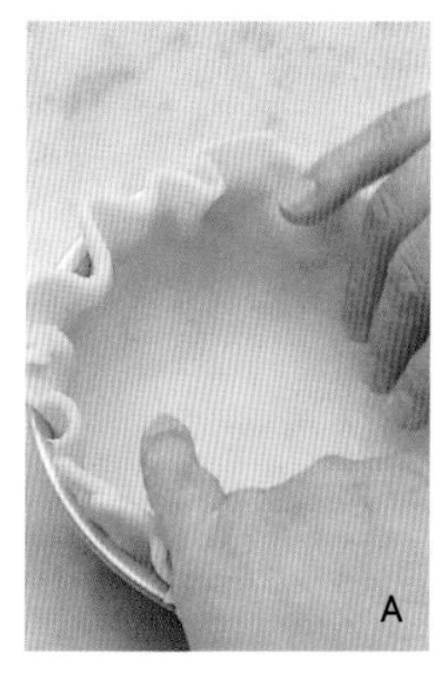

A

B

D

C

E

1 山羊乳酪放入搅拌碗中，依次加入盐、1/2 的砂糖、蛋黄、柠檬皮屑、柠檬汁，用打蛋器充分搅拌（如图 B）。然后加入混合过筛的粉类原料，搅拌均匀。

2 把剩余的砂糖分 3～4 次加入蛋白中，制作蛋白霜（参照第 26 页），将 1/3 的蛋白霜加入到 1 中充分搅拌（如图 C）。

3 加入剩余的蛋白霜，拌匀。用硅胶刮刀将馅料刮入准备好的挞皮中，喷少许水，放入预热至 230℃～250℃的烤箱中烤 40～50 分钟。要注意调节温度，把乳酪挞表面烤至焦黑，同时保持底部不被烤过火。

4 出烤箱时，乳酪挞表面中间部位是裂开的（如图 D）。

5 在乳酪挞表面盖一层垫纸，再将冷却架倒置盖在上面，翻转脱模，放至乳酪挞冷却（如图 E）。倒置冷却可以避免成品表面下陷。

荷式酥皮挞

这款因荷兰风格得名的荷式酥皮挞（tart hollandaise）应该做成圆盘形，但为了防止挞皮碎裂，我们用挞皮将奶油包裹起来做成了长方形。你也可以自由发挥，调配馅料，可以用杏干，也可以用加入葡萄干的杏仁奶油。在挞皮上抹一层马卡龙面糊再烘烤，烤出的脆皮口感松脆。让松脆的外皮与柔软的奶油保持口感平衡就是最完美的荷式酥皮挞。
这款甜点容易保存，不易变形，可以作为礼物赠送给亲友。

原料（两个 25×8 厘米的酥皮挞）
法式千层酥面团　约 200 克
杏仁奶油（参照第 70 页）　取 1/2 的成品
用朗姆酒腌渍的葡萄干　50 克
蜜饯杏干
- 杏干　40 克
- 水　1 大匙
- 砂糖　1 大匙

马卡龙面糊
- 杏仁粉　30 克
- 糖粉　30 克
- 蛋白　25 克

装饰用的糖粉　适量

◆准备
· 将千层酥皮面团擀成边长 30 厘米的正方形，放入冰箱中饧 2～3 小时后分成两等份。
· 混合杏干与葡萄干，切成小块。将适量水和砂糖倒入小锅中加热，放入杏干煮干水分，冷却备用。
· 在烤盘上铺一层烤纸。
· 烤箱温度设定在 200℃。

制作杏仁奶油
1 参照第 70 页，用原配方中 1/2 的原料制作杏仁奶油，和准备好的杏干、葡萄干混合。

包入奶油
2 把厚实的保鲜袋边缘裁开，变成两张保鲜膜，将千层酥面皮平铺在保鲜膜上。
3 将 1 中的奶油装入裱花嘴直径为 1.5 厘米的裱花袋中，在挞皮在正中挤出两条奶油馅，左右两端各留大约 2 厘米（如图 A）。
4 用手指把挞皮上下两边按薄，将奶油包裹起来，使挞皮两端在中间部位重叠。抹少许水将重叠处粘好（如图 B），使奶油与挞皮贴合紧密，中间不要留空气。
5 将卷好的奶油卷左右两端按扁，斜切下两角（如图 C）。在留下的一角上刷一些水，向内折回封好口。
6 借助保鲜膜将做好的奶油卷移到铺了垫纸的烤盘上。翻转奶油卷，使接缝处朝下。

涂抹马卡龙面糊，烤制
7 制作马卡龙面糊。将杏仁粉、糖粉放入搅拌碗中混合，加入蛋白，搅拌均匀，做成黏稠的面糊。面糊不能太干，否则容易弄坏挞皮，如果面糊不够湿润可以加一些蛋白。
8 将马卡龙面糊均匀地涂抹在奶油卷上，表面筛足量的糖粉，用刀背在上面压出几道压痕（如图 D～E）。
9 将酥皮挞放入预热至 200℃的烤箱中烤约 25 分钟。期间注意观察，根据颜色的变化调节温度（如图 F）。享用时，可以按刀痕切分成小块。

A

D

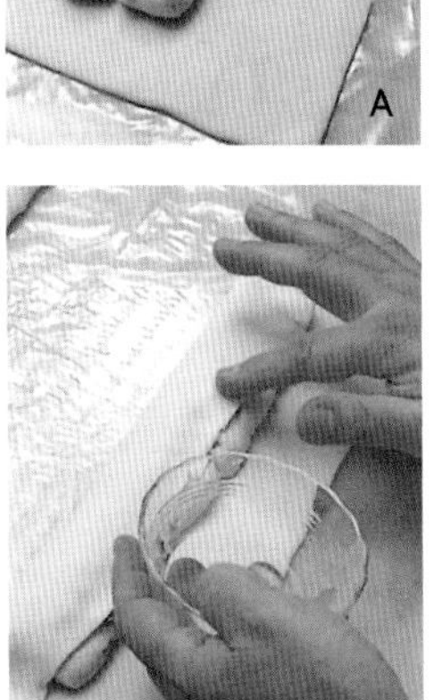
B

E

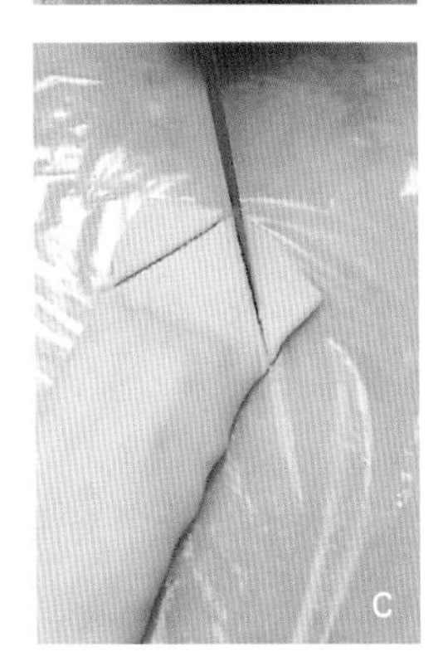
C

F

法式香橙酥皮挞

这款香橙酥皮挞原本源于法国南部，可以根据自己的喜好造型。先将千层酥皮卷起来，切成几段，擀成椭圆形挞皮，然后在挞皮中包入香橙味卡仕达奶油，放入烤箱烘烤。成品看起来有点像加了奶油的羊角面包。这款酥皮挞口感细腻，很像意大利的那不勒斯比萨。制作卡仕达奶油时如果加入面粉，奶油在烤制过程中很容易涌出，所以我们用优质米粉代替面粉。

原料（12 个酥皮挞）

法式千层酥面团　约 520 克
撒在面皮上的砂糖　2 大匙
卡仕达奶油
- 牛奶　200 毫升
- 香草荚　1/3 根
- 砂糖　40 克
- 优质米粉　20 克
- 橙皮屑　采用1个橙子
- 蛋黄　2 个
- 喜欢的利口酒　1 大匙

装饰用的砂糖　适量

◆准备

· 将千层酥面团擀成 40 厘米长、25 厘米宽的长方形，把厚实的保鲜袋裁开，变成两张保鲜膜，将挞皮铺在保鲜膜之间，放入冰箱饧 2～3 小时。
· 参照第 94 页介绍的方法制作卡仕达奶油，冷却备用（用优质米粉代替低筋面粉，加入橙皮屑与蛋黄，不用加黄油）。
· 在烤盘上铺一层烤纸。
· 烤箱温度设定在 200℃。

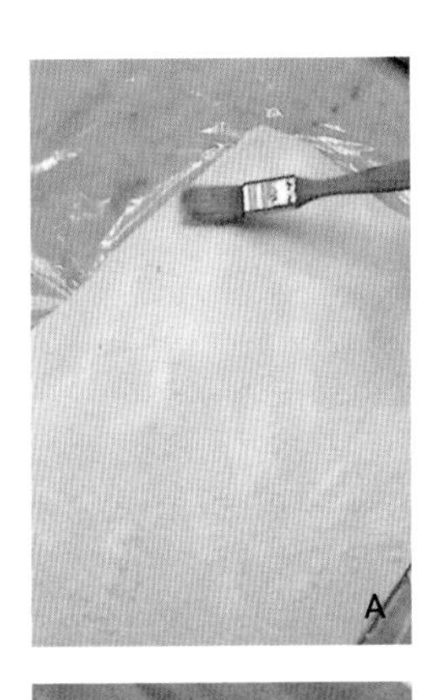

A

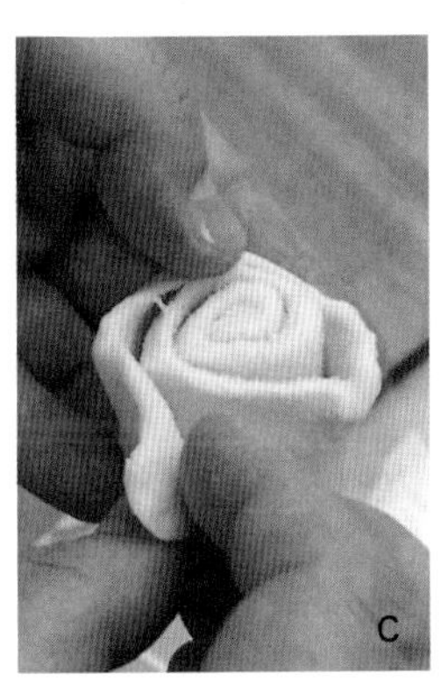

C

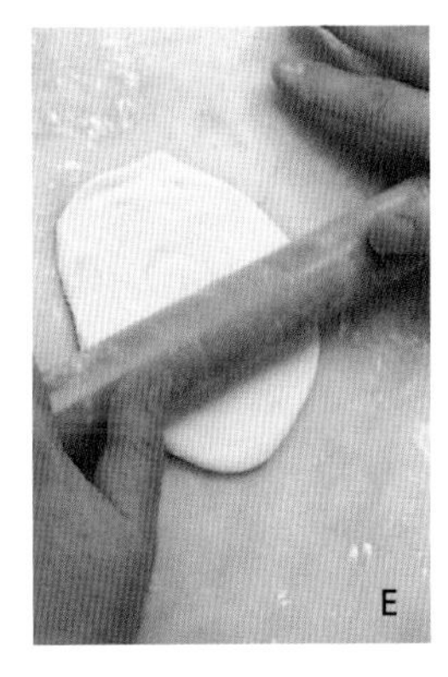

E

B

D

F

切分面团，擀成椭圆形

1 将擀好的面皮铺在裁开的保鲜膜上。撒上砂糖，用干燥的毛刷将砂糖刷均匀（如图 A）。

2 把面皮卷起来，切成 12 等份（如图 B）。

3 将面皮切面向上握在手中，拉长面皮卷外侧一端，覆盖在切面上，用手指摁压一下，与面皮切面紧密黏合起来（如图 C～D）。

4 用手把面皮卷按扁，用擀面杖擀成长轴约 15 厘米、短轴约 12 厘米的椭圆形挞皮（如图 E）。

＊将砂糖撒在面皮上，砂糖会慢慢溶化，面皮不易卷起，所以卷面皮时手法一定要利落。

包入奶油，筛砂糖，烘烤

5 将奶油盛入裱花嘴直径约 1 厘米的裱花袋中，挤在每块挞皮中央（如图 F）。

6 将挞皮对折，包住中间的奶油，留下大约 5 毫米的边。压紧边缘处的挞皮，防止奶油漏出。

7 表面筛一层砂糖，并排摆在铺好烤纸的烤盘上，放入预热至 200℃ 的烤箱中烘烤 22～25 分钟。

＊最后要将酥皮挞表面的砂糖烤到焦化。为了避免上色效果不佳，可以将烤盘上移一层，同时调高烘烤温度，在烤盘下再叠放一块烤盘，以减弱底部火力。

球形巧克力挞

这是一款用圆形的挞模做成的球形迷你挞，加入巧克力杏仁奶油后用千层酥挞皮封口，再撒一层杏仁脆片。杏仁脆片经过烘烤，与奶油夹心完美搭配。法式千层酥面团即使擀得很薄，也不易破裂，比较容易封口，可以灵活应用。制作这款迷你挞时，可以把做挞皮剩余的面团收集起来作为封口用的挞皮。用普通的小号挞模制作即可。

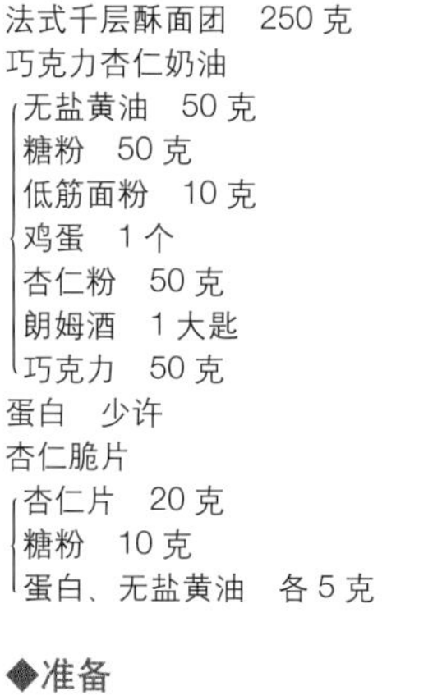

原料（10 个直径 5.5 厘米的球形挞）
法式千层酥面团 250 克
巧克力杏仁奶油
- 无盐黄油 50 克
- 糖粉 50 克
- 低筋面粉 10 克
- 鸡蛋 1 个
- 杏仁粉 50 克
- 朗姆酒 1 大匙
- 巧克力 50 克

蛋白 少许
杏仁脆片
- 杏仁片 20 克
- 糖粉 10 克
- 蛋白、无盐黄油 各 5 克

◆准备

· 在模具中抹一层薄薄的黄油（另计）。将千层酥面团擀成 1 毫米厚的面皮，切下 10 块圆形挞皮，铺入模具中，四周略有富余。在挞皮上扎一些气孔。露在模具外的挞皮封口时会用到，不要切下来。将剩余的面皮重新揉成团，擀成 10 块比模具直径略大的圆形挞皮，用来封口。将模具与封口用的挞皮一起放入冰箱中，挞皮很薄，饧 1 小时即可。
· 烤箱温度设定在 180～200℃。

A

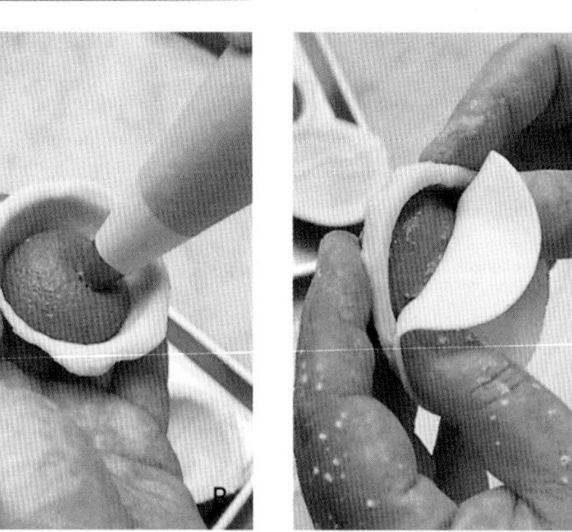
B D

制作巧克力杏仁奶油

1 参照第 70 页制作杏仁奶油。
2 将巧克力切碎，隔水加热溶化，与杏仁奶油混合，快速装入裱花嘴直径约 1 厘米的裱花袋里，挤入挞皮中（如图 A～C）。
3 露在模具外的挞皮上涂少许蛋白，把封口用的挞皮盖在上面，与奶油紧密贴合，挤出多余的空气（如图 D）。四周粘紧后，用手指将多余的挞皮轻轻取下。

制作杏仁脆片，烘烤

4 将杏仁片与糖粉倒入搅拌碗中拌匀，加入蛋白、软化的黄油，搅拌均匀，平铺在迷你挞表面（如图 E）。
5 将挞放入预热至 180℃～200℃ 的烤箱中烤 25 分钟左右。

C

F

反转苹果挞

反转苹果挞（tarte Tatin）也称塔坦姐妹挞、法式苹果挞、倒扣苹果挞，在法式餐厅中十分常见。但如果按照法式食谱中介绍的，先把苹果煮一下再烤，往往不成功，因为我们常见的苹果水分含量比法国苹果高。

下面就为大家介绍一种适合用水分含量高的苹果做反转挞的方法。

●熬制焦糖，倒入模具中（要选用可直接用炉灶加热的模具），满满地铺上苹果，加热。加热过程中会溢出大量苹果汁，将焦糖稀释。最关键的一步就是：倒出稀释了的焦糖苹果汁继续熬煮，使水分蒸发，然后倒回模具中，用挞皮封口，放入烤箱烘烤。

●苹果的酸味比较重，请选用饱满的红玉苹果。用新鲜、富含果胶的红玉苹果熬出的果汁凝固后晶莹亮泽，烤好的苹果挞十分美味。做苹果挞的成败主要取决于苹果的品质。如果选用的苹果不够新鲜，或者不是最佳上市期，果胶含量不足，就很难成功。红玉苹果的最佳上市期很短，只有选用在这一时期采摘的红玉苹果，才能烤出最可口的苹果挞，因此要掌握好时机，以充分表现苹果的美味。挞皮可以选择口感酥脆的法式千层酥挞皮。

●反转苹果挞的由来。

关于反转苹果挞的由来有各种各样的说法。一种说法是：一百多年前，塔坦姐妹制作苹果挞时不小心弄翻了模具，留在模具底部的砂糖渗入苹果中，染上了焦糖色，变成了美味可口的反转苹果挞……还有一种说法是：姐妹俩当时因为匆忙没来得及用挞皮封口，慌慌张张中便把苹果挞倒着放进了模具中……

原料（一个直径 22～24 厘米的反转苹果挞）
法式千层酥面团　200 克
红玉苹果（饱满的小苹果）　1.2 千克
焦糖
砂糖　250 克
水　少许
无盐黄油　100 克
* 要选用有氟素树脂涂层的模具。
铁制模具会被苹果中的果酸腐蚀，使成品带有金属味。也可以用取下手柄的平底锅当模具。

◆准备
· 将法式千层酥面团擀成圆形，直径比模具大 2 厘米，放入冰箱饧 2～3 小时。
· 将红玉苹果切成 4 瓣，削皮去核。

熬制焦糖、倒入模具中

1 将砂糖倒入深锅中，用指尖淋入少量水，中火加热。砂糖很快就会溶化一部分，当 1/3 的砂糖溶化后，注意观察砂糖状态的变化。

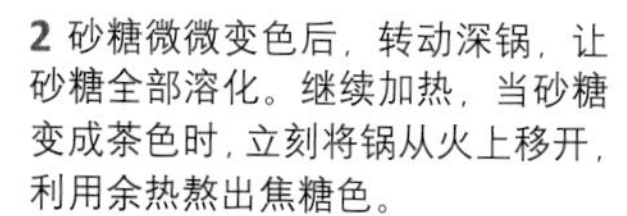

2 砂糖微微变色后，转动深锅，让砂糖全部溶化。继续加热，当砂糖变成茶色时，立刻将锅从火上移开，利用余热熬出焦糖色。
* 焦糖上色不够充分会影响风味，熬煮过火又会变苦。因此，要把握好火候，控制好焦糖的颜色，及时离火，利用余热调节焦化程度。

3 焦糖熬好后，加入黄油。

4 再次煮至焦糖液沸腾。

5 把煮好的焦糖快速倒入模具中。

加入苹果，加热

6 将苹果放入模具中，使苹果紧贴模具侧壁，底部的苹果也要贴在模具的底部，尽量减少空隙，然后把剩余的苹果码放整齐。

7 盖一个比模具小一些的锅盖，加热。[illegible]

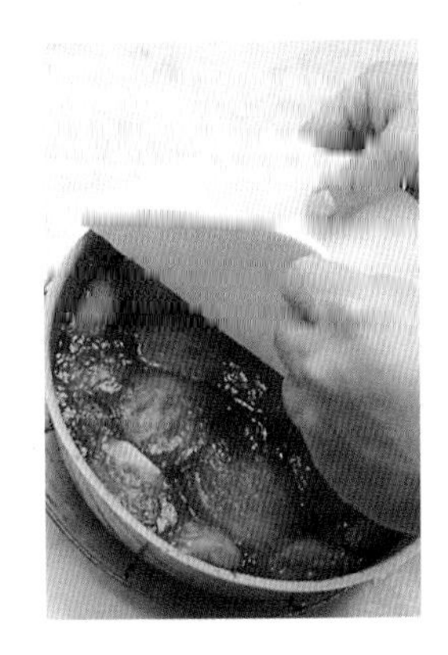

盖上挞皮烘烤

11 从冰箱中取出挞皮，盖在模具上。

熬煮苹果汁

8 苹果在加热过程中会产生大量果汁，用锅盖压着苹果块将果汁倒入另一口单柄锅中（不同品种的苹果溢出果汁量不同）。

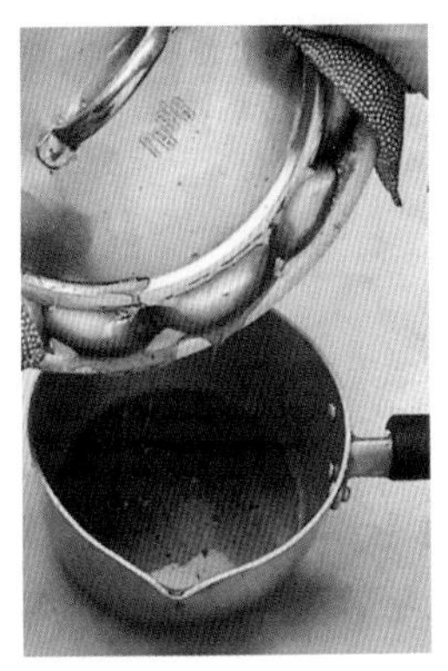

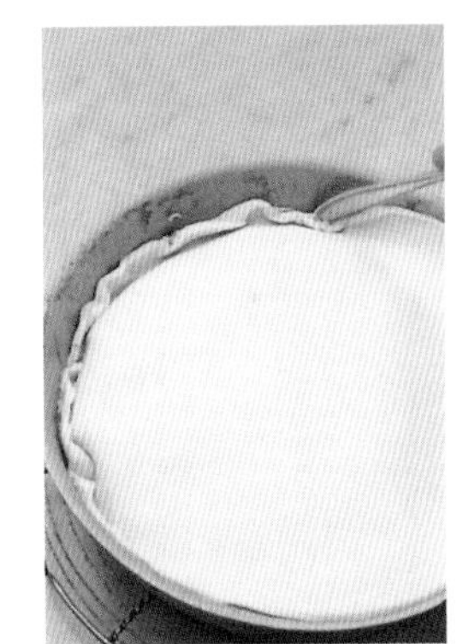

12 用叉柄沿着模具内壁快速将挞皮向下压，苹果块与挞皮之间不要留有空隙。如果动作慢，挞皮就会变软，难以操作。用叉子在挞皮的表面扎一些气孔。

9 中火加热单柄锅，边加热边用刮刀搅拌，注意观察，不要把果汁煮焦。同时，将盛有苹果的模具放入烤箱中烘烤，使苹果充分脱水。

13 将苹果挞放回烤箱烤20～30分钟。烤好后连同模具一起冷却。脱模时，稍稍加热模具底部，盖上一个盘子，将模具连同盘子一起翻转过来即可脱模。

把充分熬煮过的苹果汁倒回模具

10 将煮好的苹果汁倒回模具。用木铲挪动苹果块，让苹果汁流到模具各处。

奶油泡芙→第 92 页

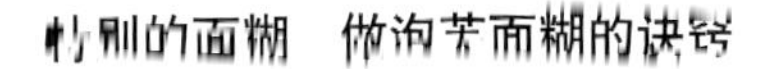

为什么做不出蓬松柔软的泡芙？ ➡ 第92页

奶油泡芙面糊

做泡芙面糊需要加热面粉。与其他甜点不同，用这种面糊烤出的泡芙是空心的。

●为什么泡芙是空心的呢？做泡芙时，先将水和黄油混合煮沸，再加入面粉，使面粉受热糊化。然后加入鸡蛋，增加面糊的黏稠度。这样，面糊就会像糨糊一样。烘烤时，面糊内部的水蒸气受热膨胀，泡芙就会像气球一样鼓起来，变成空心的。

●关键在于做出富有黏性的面糊，必须认真准备。

奶油泡芙面糊中黄油所占的比重很高，烤好的泡芙外壳厚而蓬松，香味浓郁。成品外壳很结实，可以做焦糖奶油松饼[①]。用这款泡芙面糊也可以做其他甜点。

---

① croquembouche，一种法国传统甜点，常用做婚礼、洗礼和第一次领圣餐时的甜点。制作时，需要用大量焦糖把巧克力球或奶油泡芙粘在一起，堆成高高的塔状，然后用彩色的糖衣杏仁、巧克力、花朵或彩带等装饰，有时还会装点几块马卡龙或淋上巧克力酱，造型华丽、惊艳。

原料（约24个泡芙）

无盐黄油　60克

水　80毫升

盐　一小撮

砂糖　1/2小匙

低筋面粉　70克

鸡蛋　$2^1/_2$～3个

◆准备

· 为了在恰当的时候将面粉一次倒入锅中，可以先把面粉倒入直径比锅小一些的容器中。

· 准备一只直径14～15厘米、深8～9厘米的光滑的单柄锅。不要用平底锅之类的大口径浅锅。

· 烤盘铺上铝箔，薄薄地刷一层黄油（另计），用烤纸盖住铝箔，轻轻按压平整，揭去烤纸让铝箔贴合在烤盘上。黄油涂抹得过多，烘烤时泡芙容易滑动、变形；黄油太少，又会使泡芙底部与铝箔粘在一起。

加入面粉3秒钟后离火

1 将黄油、适量水、盐、砂糖倒入准备好的单柄锅中，小火加热。

2 黄油溶化后开大火，待黄油煮沸，加入全部面粉。

3 用木铲快速搅拌，加入面粉3秒钟后离火（不需要把面粉与其他原料完全混合均匀）。

4 将锅从火上移开，继续搅拌。

5 当面糊与锅壁分离成团时，停止搅拌（这时，面粉已与其他原料混合均匀）。注意不要搅拌过度。

分次加入蛋液

6 [illegible]当锅中的面糊[illegible]些温热时，一点一点加入蛋液，用木铲搅拌。一次加入过多蛋液，不易搅拌均匀。

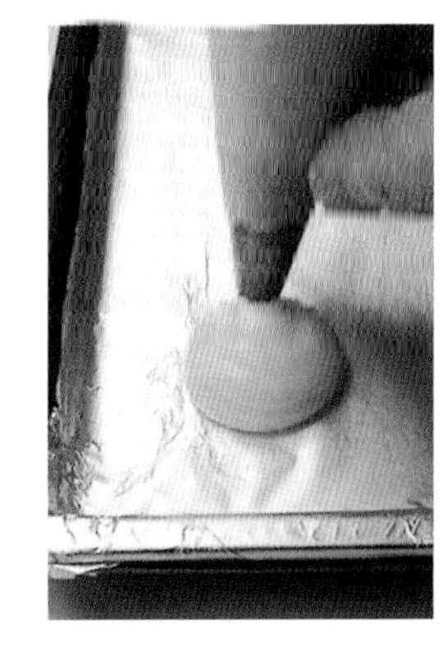

造型，烘烤

10 将饧好的面糊装入裱花嘴直径为 1 厘米的裱花袋，在烤盘上挤成直径为 [illegible] 的小丸子状，间隔 5 厘米。

7 先加入少量蛋液，等蛋液与面糊混合均匀后，再加入一些。要一边观察，一边加蛋液（如果不小心加了太多，可以先盛出一部分）。要注意，刚加入蛋液时，面糊很难搅拌，但在搅拌过程中，面糊很快就会变得柔软润滑。

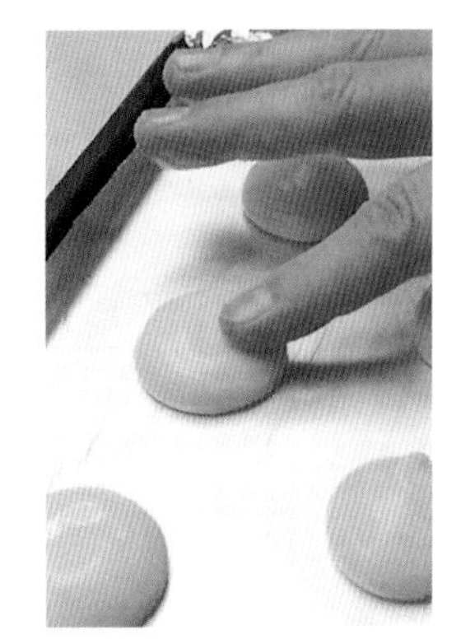

11 如果挤出来的“小丸子”上端有一个尖，可以用手指蘸少许水轻轻按平；如果形状不太圆，可以修整一下。在“小丸子”表面喷少许水，放入预热至 200℃ 的烤箱中，烘烤 25～30 分钟，烤至上色。

添加蛋液适可而止

8 蛋液不一定要全部加入面糊中，面糊达到理想状态后就不用再加了。如图所示，铲起面糊，如果面糊在 3 秒钟内落回锅中，就达到理想状态了。

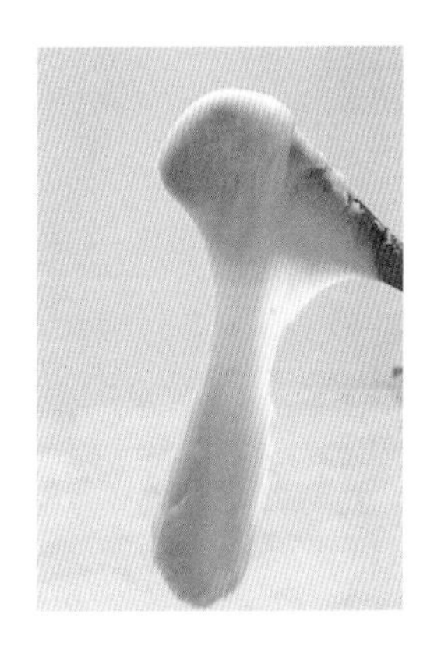

饧面

9 为防止面糊变干，要在锅上覆盖一层保鲜膜，饧大约 30 分钟。同时，烤箱预热至 200℃。

●为什么泡芙无法膨胀起来？

关键在于火候的控制和混合面糊的技巧。配方中黄油的用量很大。倒入面粉后如果过度加热，就会使黄油与面粉分离，烘烤时无法形成空心。加入面粉后无论是否混合均匀，都要在 3 秒内将其从火上移开。之后，最关键的就是继续搅拌，直至面糊与锅壁分离。

●理想的泡芙面糊是什么样的？

理想的泡芙面糊：用木铲挑起面糊，面糊应在 3 秒内落回锅中。如果面糊像柔滑的丝带一样流下来，说明面糊过稀，烤好的泡芙会扁扁的。面糊达到理想状态后，即使蛋液还有剩余，也不要继续添加。加太多蛋液会使面糊变得松弛稀软；而加入的蛋液不够，面糊又太黏稠。这些都可能导致失败。

●为什么烤前面糊要饧一段时间？

面糊饧过再烤可以更好地膨胀起来。

●需要烤到什么程度？

放入烤箱后前几分钟，面糊不会有明显的变化，但很快就会开始膨胀，这时不要打开烤箱。烤 25～30 分钟后，香味四溢而出，浓郁诱人。如果烘烤时间不足，泡芙中会留有过多水分，不容易切开。烤的过程中，即使泡芙出现回缩、变扁，也要烤至金黄色。

用卡仕达奶油做泡芙奶油馅

制作卡仕达奶油时，要特别说明的一步就是煮奶油。如果煮好的奶油中留有面粉颗粒，说明煮得不够充分。要做出富有光泽的奶油，把面粉煮到恰到好处非常重要。一开始就加入蛋黄不是最佳方法。如果采用这种方法，面粉煮到位时，蛋黄已经煮过了；要把蛋黄煮得恰到好处，面粉又会火候不足，最后变成黏稠的糨糊状态。

●下面为大家介绍一种好方法，先煮面粉，再加入蛋黄。这样面粉煮到位时，蛋黄也煮得恰到好处，做出的奶油柔滑有光泽。

●煮奶油时要用 24 厘米长的短柄打蛋器和不锈钢搅拌碗，不要用锅煮奶油，因为面粉很容易粘在锅底煮焦。用不锈钢搅拌碗一边加热，一边用打蛋器不停搅拌，可以避免这种情况。

原料（成品约 600 克，可以做 24 个奶油泡芙）

牛奶　400 毫升
香草荚　1/2 根
砂糖　100 克
低筋面粉　50 克
蛋黄　6 个
无盐黄油　30 克
喜欢的利口酒　2 大匙

◆准备

· 为了防止蛋黄散开，要将蛋黄倒入蘸了少许水的容器中（用干燥容器盛放，蛋黄会和容器粘在一起）。
· 香草荚纵向剖开，用小刀刮取香草子，把香草荚和香草子一起放入牛奶中。

先把奶油挤入泡芙的“底座”中，再在“盖子”上也挤一点奶油，最后将两部分合上。

●如何避免卡仕达奶油中混有面粉颗粒？

将面粉与砂糖、牛奶一起煮，使面粉糊化。同时不停搅拌，不要煮焦。

●加入蛋黄后煮多久合适？

加入蛋黄后大约再煮 50 秒即可。煮过了会影响口感。

●如何将奶油馅装入裱花袋？

卡仕达奶油冷却后会变硬，要先用打蛋器搅拌柔滑再装入裱花袋。装入奶油时可以用汤匙，软硬适度的奶油容易挤，挤出来的造型也非常漂亮。

●巧克力口味的奶油馅怎么做？

卡仕达奶油温热时，加入切碎的巧克力（基本用量为 100 克），用余热使巧克力溶化，搅拌均匀即可。

熬煮砂糖、面粉和牛奶

1 将加入香草荚和香草了的牛奶用小火煮沸，冷却至60℃。把砂糖和低筋面粉倒入搅拌碗中，充分混合后加入牛奶。用打蛋器搅拌均匀，不要留有面粉颗粒。

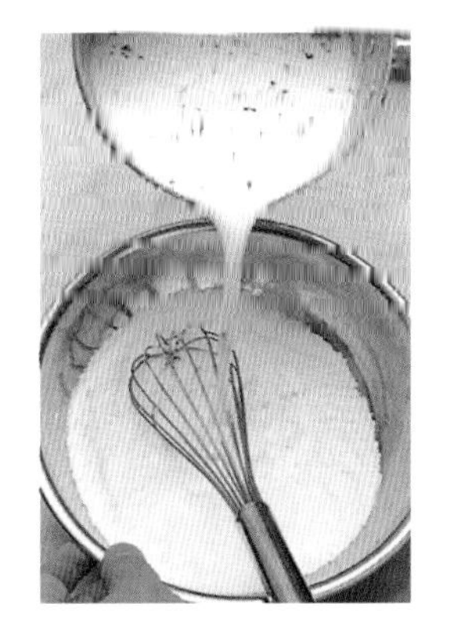

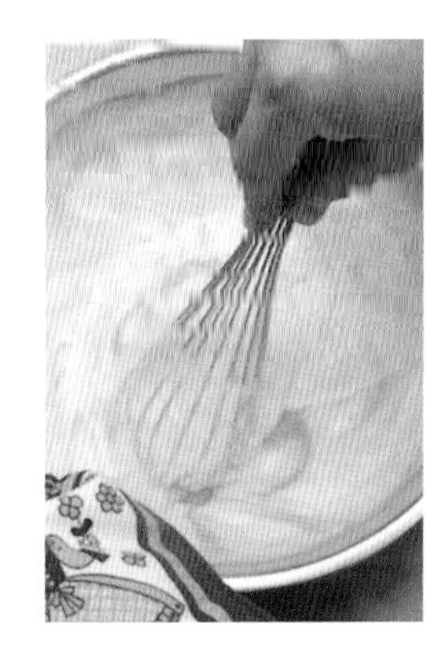

5 迅速放回火上加热，继续搅拌（加热50～60秒），注意不能煮过，否则蛋奶糊会变得像糨糊一样黏稠。

2 把1过滤到比较厚实的不锈钢搅拌碗中。

6 关火，加入黄油，搅拌均匀。

3 中火加热搅拌碗，并用打蛋器不断搅拌，防止底部煮焦。煮至看不到面粉颗粒、富有光泽时离火（标准用时为沸腾后再煮3分钟）。

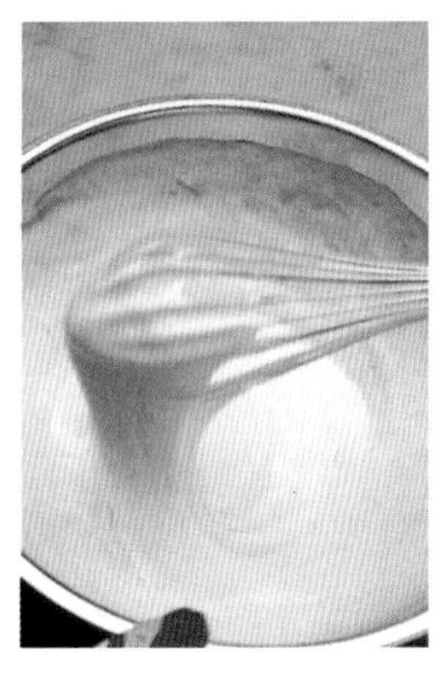

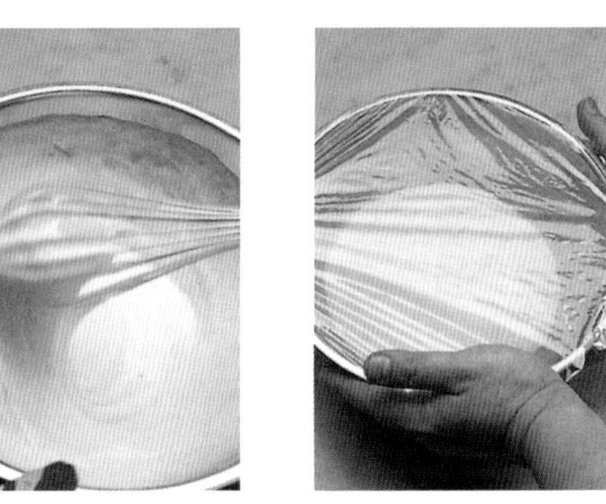

7 加入利口酒，搅拌均匀后覆盖一层保鲜膜，防止水分蒸发、奶油变干，自然冷却。

加入蛋黄，完成

4 加入蛋黄，快速搅拌。

将奶油挤入泡芙

8 从泡芙上部1/3处横切下一部分。将奶油搅拌柔滑，装入裱花袋，挤入泡芙“底座”中，再挤一点在切下的“盖子”上，最后盖上“盖子”，还原为完整的泡芙。

图书在版编目(CIP)数据

幸福的烘焙时光 /〔日〕相原一吉著；胡毅美译.
—海口：南海出版公司，2013.7
ISBN 978-7-5442-6544-7

Ⅰ.①幸… Ⅱ.①相…②胡… Ⅲ.①烘焙－糕点加
工 Ⅳ.①TS213.2

中国版本图书馆CIP数据核字(2013)第046193号

著作权合同登记号 图字：30—2013—04

幸福的烘焙时光
〔日〕相原一吉 著
胡毅美 译

出　　版　南海出版公司　(0898)66568511
　　　　　海口市海秀中路51号星华大厦五楼　　邮编 570206
发　　行　新经典文化有限公司
　　　　　电话(010)68423599　　邮箱 editor@readinglife.com
经　　销　新华书店

责任编辑　秦　薇
特邀编辑　余雯婧
装帧设计　徐　蕊
责任印制　杨　明
内文制作　博远文化

印　　刷　北京朗翔印刷有限公司
开　　本　787毫米×1092毫米　1/16
印　　张　6
字　　数　110千
版　　次　2013年7月第1版
　　　　　2013年7月第1次印刷
书　　号　ISBN 978-7-5442-6544-7
定　　价　36.00元